Think Bayes

プログラマのためのベイズ統計入門

Allen B. Downey 著

黒川 利明 訳

O'REILLY®
オライリー・ジャパン

本書で使用するシステム名、製品名は、それぞれ各社の商標、または登録商標です。
なお、本文中では™、®、©マークは省略している場合もあります。

Think Bayes

Allen B. Downey

O'REILLY®
Beijing · Cambridge · Farnham · Köln · Sebastopol · Tokyo

© 2014 O'Reilly Japan, Inc. Authorized Japanese translation of the English edition of "Think Bayes". © 2013 Allen B. Downey. This translation is published and sold by permission of O'Reilly Media, Inc., the owner of all rights to publish and sell the same.

本書は、株式会社オライリー・ジャパンがO'Reilly Media, Inc.との許諾に基づき翻訳したものです。日本語版についての権利は、株式会社オライリー・ジャパンが保有します。

日本語版の内容について、株式会社オライリー・ジャパンは最大限の努力をもって正確を期していますが、本書の内容に基づく運用結果について責任を負いかねますので、ご了承ください。

訳者まえがき

本書の翻訳は、統計の勉強会で、Statistics in a Nutshell (Sarah Boslaugh, 第2版、O'Reilly, 2008) を読んでいる最中に引き受けた。言い換えると、ベイズ統計をこのように集中して扱っている類書は他にないということである。

引き受けた理由のもう一つは、著者のダウニーさんのことである。2012年に『Think Stats——プログラマのための統計入門』を出した時には、特に気にしていなかったのだが、所属大学のオーリン大学 (Olin College of Engineering) が、昨年 (2013年) からイノベーション教育の成功例として注目を浴びているためだ。昨年から今年にかけては、教員や学長が来日して、講演などを行っていたので、接した読者もおられるのではないだろうか。オーリンの持つ特徴の某かが本書の中にあるのではないかと感じたのだ。

翻訳に際して、ダウニーさんには、細かい事柄を含めて色んな質問に、丁寧に答えてもらった。ついでに、と日本語版のまえがきもお願いしたのだが、やんわりと断られ、その代わりに、オーリン大学についての紹介文を頂いたので、著者紹介とともに掲載させて頂いた。

最初に、翻訳の底本だが、基本的には、O'Reillyから出されている紙の本に従っているが、ご存知のように、ダウニーさんの本は、Green Tea Pressからもダウンロード版が出ており、現時点では1.0.2という版番号で、謝辞のところに多少の追加があり、誤植などの一部が修正されている。現時点での修正項目は、O'Reillyのサイトから調べられるが念の為にURLを示すと http://www.oreilly.com/catalog/errata.csp?isbn=0636920030720 である。本訳書は、これらの修正追加、さらに、体裁上いくつかの修正を加えた最新版になっている。

著者まえがきにもあるが、本書は、Pythonというプログラミング言語を数式と併用する形式で説明に使っており、前著の『Think Stats——プログラマのための統計入門』以来ではあるが、統計を学ぶという点で新たな方式を取っている。言わずもがなだろう

が、オーリン大学など、イノベーション実践校では、このような形の実践形式の講義が普通になっていて、理論と実習とを分離していない。

もう一つの特長は、モデルについての議論だ。統計にかぎらず、ソフトウェア的な行為では、モデルは重要な概念だが、通常は、「重要だ」と述べるに留まることが多い。その点で本書では、随所に、アプローチとその見直しの中で、モデルが論じられ、無駄な作業がモデルを考察することによって省かれている。私の元々の専門はソフトウェアだが、ソフトウェア設計者・技術者にとっても著者のアプローチは、役に立つものだと思う。

内容としては、豊富な例題が特長で、一部は前著『Think Stats―プログラマのための統計入門』と重複するところもあるが、このような実例を踏まえて、ベイズ推論がどのように活用できるか、活用されてきたかを示していて非常に参考になる。

本訳書の参考文献、[McGrayne 11]にも紹介があるが、ベイズ統計の利用例は、戦時中の英国の事例を含めて多いだけでなく、今さら、ビッグデータなどと言うまでもなく、統計の活用が産業、軍事、社会全般に必要なことが分かる。

そういう意味では、本書を読めばデータ・サイエンティストになれるというものではないが、データ・サイエンティストなら、本書の内容は基本としてマスターしておいてもらわないと困るという本だ。

なお、原書には、参考文献の項目がなかったが、読者の便宜と、訳者追加分を含めるため、巻末にまとめることにした。

最後に、お世話になった方々に御礼を申し上げたい。本書訳出の機会をいただき、出版まで様々なとりまとめをしてくださったオライリー・ジャパンの赤池涼子さん、原稿を読んでいただき色々と指摘いただいた、千葉県立船橋啓明高等学校の大橋真也先生、株式会社グノシーの黒川洋氏に改めて感謝したい。妻の容子には、いつものことだが、世話になりっぱなしで、いくら感謝しても足りないがこの機会に感謝しておきたい。

2014年8月
黒川利明

まえがき

私の理論とは、私の理論である[*1]

　本書の前提は、他のThinkシリーズの本(『Think Stats』など)でもそうだが、プログラミングの能力があれば、そのスキルを使って、他の事柄も学ぶことができるというものだ。

　ベイズ(Bayesian)統計のほとんどの本は、数学記法を用いており、代数のような数学的概念でアイデアを提示している。本書では、数学の代わりにPythonのコードを使い、連続数学の代わりに離散近似を使う。結果的に、数学書では積分として扱うものが足し算になり、確率分布上のほとんどの演算が単純なループ処理になった。

　このような本の書き方は、少なくとも、プログラミングスキルを備えた人には、理解しやすいはずだと私は思っている。しかも、モデルの決定においては、従来の分析手法を気にしすぎることなしに、最も適切と思われるモデルを選ぶことができるので、より一般的となっている。

　おまけに、単純な例から始めて、スムーズに実際の問題に移行できる。第3章が好例だ。確率論の初歩として定番である、サイコロ投げから始める。学習を進めて、機関車問題を扱うが、これは、モステラーの『確率の50の挑戦問題とその解』[Mosteller 87]から採用したものであり、最終的に、第2次世界大戦のベイズ手法の成功例として有名なドイツの戦車問題に至る。

[*1] 訳注:原文はMy theory, which is mineとなっている。これは、モンティ・パイソンのダイナソー・スケッチから採ったものと思われる。

モデルと近似

　本書の章のほとんどは、現実の問題から始まる。したがって、ある程度のモデル化が含まれる。ベイズ手法（あるいは、他の分析法）を適用する前に、実世界の事柄のどの部分をモデル化し、どの詳細部分を省略して、抽象化するかという決定を下さねばならない。

　例えば、第7章では、ホッケーの試合の勝利チームを予測する問題を扱う。ゴールに点を入れることを、ポワソン過程としてモデル化したが、これは、ゲームの途中のどの時点でもゴールする確率が等しいというモデル化を意味する。これは必ずしも正しいとは言えないが、ほとんどの目的に十分だと言えるだろう。

　第12章では、SATの点数を解釈する課題を与える（SATは、米国の大学の入学選考に用いられる標準的な試験）。私は、すべてのSATの問題が同じぐらいの難易度という単純なモデルから始めたが、実際は、やさしい問題や難しい問題がある。2番目のモデルでは、設計段階でこの難易度を考慮し、最終的に結果には大きな影響のないことを示す。

　モデル化を問題解決の一側面として明示的に捉えることは、モデル化での誤差（つまり、モデルの単純化や仮定に起因する誤差のこと）を思い出させるという点で重要だと思う。

　本書の多くの手法は、離散分布に基づいているので、数値誤差を気にする人がいるだろう。しかし、実世界の問題ではモデル化の誤差に比べると数値誤差は普通小さくなる。

　さらに、離散的な手法のほうが、優れたモデル化を決定できる。個人的には悪いモデルで得られる正確な解よりは、優れたモデルによる近似解の方を選びたい。

　とはいえ、連続的手法が性能において優れていることがある。例えば、線形または二乗時間計算が、定数時間解法で置き換えられることもある。

　したがって、一般的な処理としては次のような手順に従うとよいだろう。

1. 問題は、単純なモデルで始め、実装では、明確で、読みやすく、正しさが示しやすいようにする。最適化よりも、まずよいモデルを作ることを心がける。
2. 単純なモデルが動き出せば、誤差の最大の原因を調べる。離散近似における値の個数を増やしたり、モンテカルロシミュレーションの反復回数を増やしたり、モデルに詳細を追加する必要があるかもしれない。

3. 解の性能がアプリケーションとして十分なら、最適化の必要はない。最適化する場合には、検討すべきやり方が2つある。コードを見直して最適化する箇所を探す。例えば、以前の計算結果をキャッシュして、冗長な計算を省略することができる。あるいは、計算時間を大幅に短縮できるような解析的方法を探すやり方もある。

このような処理を行うと、手順1と2がすぐ終わるので、第一に、最終的に採用するモデルを選ぶ前に、いくつかのモデルを検討できるという利点がある。

そして第二の利点は、手順3において、すでに正しいはずの実装から始めることができるので、それをリグレッションテスト(つまり、最適化したコードが少なくとも近似的に同じ結果を出すかチェックすること)に使えることである。

コードについて

本書の例の多くは、thinkbayes.pyで定義されるクラスや関数を使っている。このモジュールはhttp://thinkbayes.com/thinkbayes.pyからダウンロードできる。

ほとんどの章に、http://thinkbayes.comからダウンロードできるコードへのリンクがある。ファイルによっては、他に依存しているものがあるので、さらに別のファイルをダウンロードする必要があるかもしれない。ダウンロードしたファイルは、Pythonの探索パスを変更しなくて済むように同じディレクトリに保存したほうがよい。

これらのファイルは、必要に応じて1つずつダウンロードしてもよいし、http://thinkbayes.com/thinkbayes_code.zipから一度にダウンロードしてもよい。このzipファイルには、プログラムから使われるデータファイルも含まれていて、解凍すると、本書で使われるすべてのファイルを含んだthinkbayes_codeという名前のディレクトリが作られる。

Gitのユーザなら、リポジトリhttps://github.com/AllenDowney/ThinkBayesをフォークしてクローンをすれば、すべてのファイルを一度に取得することもできる。

使っているモジュールの1つに、thinkplot.pyがある。これは、pyplotの関数に対するラッパーである。そのため、matplotlibがないと使用できないので、まだインストールしていなければ、利用できるかどうかをパッケージマネージャで確認するか、http://matplotlib.orgでダウンロードの手順を確認するとよい。

最後に、一部のプログラムでは、NumPyやSciPyを使っている。両方ともhttp://

numpy.orgおよびhttp://scipy.orgから入手できる。

コードのスタイル

経験豊富なPythonプログラマなら、本書のコードが、Pythonの一般的なスタイルガイドであるPEP 8 (http://www.python.org/dev/peps/pep-0008/) に従っていないことに気づくだろう。

PEP 8では、`like_this`のように関数名に小文字を使い、単語間を下線で結ぶが、本書のコードでは、関数やメソッドの名前は、`LikeThis`のように、大文字で始めて、camel形式で単語を結んでいる。

なぜ私がPEP8の規則を破ったのか。それは、コードを書いていたときにGoogleの客員研究員 (Visiting Scientist) だったので、PEP 8とはいくつか違いのあるGoogleスタイルガイドに従ったからだ。そのうちGoogleスタイルに慣れて好きになってしまったのである。それ以降の変更はあまりにも面倒だった。

スタイルに関しては、ベイズの定理を英語で、「Bayes's theorem」と書き、アポストロフィーの後にsを付けているのだが、これには賛否両論がある。私自身は、特にこだわっていないが、どれかを選ばなければならないので、このスタイルを選んだ。

最後に、記法について一言断っておく。私は、PMFとCDFとを確率質量関数 (probability mass function) と累積分布関数 (cumulative distribution function) の概念を表すのに用い、それらを表すPythonオブジェクトには`Pmf`と`Cdf`を用いた。

前提条件

Pythonでベイズ統計を行うには、`pymc`や`OpenBUGS`を含めて、優れたモジュールがいくつかある。しかし、本書では使っていない。その理由は、これらのモジュールを使うには、かなりの背景知識が必要であり、そのような前提を私は最小限にしたいと思ったからだ。Pythonがわかっていて、確率を少しでも知っているなら、すぐに本書を使ってベイズを学ぶことができる。

1章は、確率とベイズ統計について述べていて、コードはない。2章は、確率質量関数 (PMF) を表すのに使う、Pythonのディクショナリに薄く皮をかぶせた`Pmf`を導入し、3章では、`suite`という、ベイズ更新を行うフレームワークを提供する`Pmf`の一種を導

入する。

　まあ、それでほぼ十分だろう。後の章で、ガウス（正規）分布、指数分布、ポワソン分布、ベータ分布を含めて連続分布（analytic distribution）を使う。15章では、多少なじみがないかもしれない、ディリクレ（Dirichlet）分布を使って説明しているが、これについては、その場で説明をする。先に挙げた分布を知らないなら、Wikipediaで調べるとよい。本書と並行して、［Downey 12］のような統計の入門書を読むのもよいだろう（もっとも、ほとんどの入門書は、数学的なアプローチなので、実用上の目的にはあまり役立たないおそれがある）。

本書の表記法

本書では次の表記法に従う。

ゴシック（サンプル）
　　新出用語や強調を示す。

`等幅 (sample)`
　　プログラムに加え、本文内で変数や関数名、データベース、データ型、環境変数、文、キーワードなどのプログラム要素を表すのに使う。

`等幅ボールド (sample)`
　　ユーザが文字通り入力すべきコマンドやその他のテキストを示す。

`等幅イタリック (`*`sample`*`)`
　　ユーザが指定する値や文脈によって決まる値に置き換えるべきテキストを示す。

　　このアイコンはヒント、提案、または一般的な注記を示す。

　　このアイコンは警告や注意事項を示す。

ご意見とご質問

本書に関するコメントや質問は以下まで知らせてほしい。

株式会社オライリー・ジャパン
〒160-0002 東京都新宿区坂町26番地27
インテリジェントプラザビル　1F
電話　　　03-3356-5227
FAX　　　03-3356-5261

本書には、正誤表、サンプル、およびあらゆる追加情報を掲載したウェブサイトがある。このページには以下のアドレスでアクセスできる。

http://oreil.ly/think-bayes（英語）
http://www.oreilly.co.jp/books/9784873116945（日本語）

本書に関する技術的な質問やコメントは、以下に電子メールを送信してほしい。

bookquestions@oreilly.com

当社の書籍、コース、カンファレンス、ニュースに関する詳しい情報は、当社のウェブサイトを参照してほしい。

http://www.oreilly.com（英語）
http://www.oreilly.co.jp（日本語）

当社のFacebookは以下の通り。

http://facebook.com/oreilly

当社のTwitterは以下でフォローできる。

http://twitter.com/oreillymedia

YouTubeで見るには以下にアクセスしてほしい。

http://www.youtube.com/oreillymedia

貢献者

訂正や提案があれば、downey@allendowney.com までメールしてほしい。そのフィードバックに基づいて修正した場合には、次の貢献者リストに加える（掲載しないよう依頼された場合を除く）。

誤りのあった箇所の文の一部でも含めてくれると、特定が楽になる。ページ番号や節番号も役立つが、そう簡単ではない。

よろしく！

- 最初に、デビッド・マッケイが書いた『*Information Theory, Inference, and Learning Algorithms*』［MacKay 03］という素晴らしい本に感謝する。おかげでベイズネットワークを初めて理解できた。著者の許諾を得て、この本の問題をいくつか本書でも使う。
- 本書は Sanjoy Mahajan とのやりとりのおかげでもある。特に、オーリン大学の彼のベイズ推論のクラスを 2012 年秋に見学したことは大きかった。
- 本書の一部は、ボストンの Python ユーザグループのプロジェクト・ナイトの期間に執筆された。その参加者全員とピザとに感謝したい。
- Jonathan Edwards は、最初の誤字を見つけてくれた。
- George Purkins は、マークアップでの誤りを見つけてくれた。
- Olivier Yiptong は、いくつかの有益な指摘をしてくれた。
- Yuriy Pasichnyk は、誤りをいくつか見つけてくれた。
- Kristopher Overholt は、修正と示唆との膨大なリストを送ってくれた。
- Robert Marcus は、i の位置が間違っているのを見つけてくれた。
- Max Hailperin は、1 章の書き直しを示唆してくれた。
- Markus Dobler は、ボウルからクッキーを取り出して入れ替えるというのは、非現実的だと指摘してくれた。
- Tom Pollard と Paul A. Giannaros とは、バージョン問題と、列車問題の数値について指摘してくれた。
- Ram Limbu は、誤植を見つけ、修正を提案してくれた。
- 2013 年の春、私の計算ベイズ統計のクラスの学生が、多数の有用な示唆と訂正をしてくれた。その学生とは、Kai Austin、Claire Barnes、Kari Bender、Rachel Boy、Kat Mendoza、Arjun Iyer、Ben Kroop、Nathan Lintz,、Kyle

McConnaughay、Alec Radford、Brendan Ritter、Evan Simpsonである。

- Greg MarraとMatt Aastedは、「値段当てゲーム」問題の議論を明確にするのを手伝ってくれた。
- Marcus Ogrenは、元の機関車問題の文章が曖昧であると指摘してくれた。
- オライリーメディアのJasmine KwitynとDan Fauxsmithは、原稿を校正し、改善のための示唆をたくさん与えてくれた。
- James Lawryは、数式の誤りを指摘してくれた。

目次

まえがき ··· vii

1章　ベイズの定理 ·· 1
　1.1　条件付き確率 ··· 1
　1.2　結合確率 ··· 2
　1.3　クッキー問題 ··· 3
　1.4　ベイズの定理 ··· 3
　1.5　通時的解釈 ·· 5
　1.6　M&M'S問題 ··· 7
　1.7　モンティ・ホール問題 ···································· 8
　1.8　議論 ··· 10

2章　計算統計学 ··· 11
　2.1　分布 ··· 11
　2.2　クッキー問題 ··· 12
　2.3　ベイズ・フレームワーク ·································· 13
　2.4　モンティ・ホール問題 ···································· 15
　2.5　フレームワークをカプセル化する ······················ 16
　2.6　M&M'S問題 ··· 17
　2.7　議論 ··· 19
　2.8　練習問題 ··· 19

3章 推定 21

- 3.1 サイコロ問題 21
- 3.2 機関車問題 23
- 3.3 事前確率についてはどうなのか 25
- 3.4 別の事前確率 26
- 3.5 信用区間 28
- 3.6 累積分布関数 29
- 3.7 ドイツ軍戦車問題 30
- 3.8 議論 31
- 3.9 練習問題 31

4章 もっと推定を 33

- 4.1 ユーロ硬貨問題 33
- 4.2 事後確率をまとめる 35
- 4.3 事前確率を圧倒する 36
- 4.4 最適化 38
- 4.5 ベータ分布 39
- 4.6 議論 41
- 4.7 練習問題 42

5章 オッズと加数 45

- 5.1 オッズ 45
- 5.2 ベイズの定理をオッズの形式にする 46
- 5.3 オリバーの血液型 47
- 5.4 加数 49
- 5.5 最大値 51
- 5.6 混合 54
- 5.7 議論 57

6章 決定分析 59

- 6.1 値段当てゲーム 問題 59
- 6.2 事前確率 60
- 6.3 確率密度関数 61

	6.4	PDFを表現する	62
	6.5	出場者をモデル化する	64
	6.6	尤度	66
	6.7	更新	67
	6.8	最善な推定	69
	6.9	議論	72

7章　予測　　　　　　　　　　　　　　　　　　　　　75

7.1	ボストン・ブルーインズ問題	75
7.2	ポワソン過程	76
7.3	事後確率	77
7.4	ゴールの分布	79
7.5	勝つ確率	80
7.6	サドンデス	81
7.7	議論	83
7.8	練習問題	84

8章　観察者バイアス　　　　　　　　　　　　　　　　87

8.1	レッドライン問題	87
8.2	モデル	88
8.3	待ち時間	90
8.4	待ち時間を予測する	92
8.5	到着率を推定する	95
8.6	不確実性を取り込む	97
8.7	決定分析	99
8.8	議論	102
8.9	練習問題	102

9章　2次元　　　　　　　　　　　　　　　　　　　　105

9.1	ペイントボール	105
9.2	スイート	106
9.3	三角法	107
9.4	尤度	109
9.5	ジョイント分布	110

9.6	条件付き分布	111
9.7	信用区間	113
9.8	議論	115
9.9	練習問題	116

10章　ベイズ計算を近似する　117

10.1	変動性仮説	117
10.2	平均と標準偏差	118
10.3	更新	120
10.4	CVの事前確率分布	121
10.5	アンダーフロー	122
10.6	Log-Likelihoood（対数尤度）	124
10.7	ちょっとした最適化	124
10.8	ABC	126
10.9	ロバスト推定	128
10.10	どちらの方が変動性が高いか？	129
10.11	議論	132
10.12	練習問題	133

11章　仮説検定　135

11.1	ユーロ硬貨問題に戻る	135
11.2	公正な比較を行う	136
11.3	三角事前確率	138
11.4	議論	139
11.5	練習問題	140

12章　証拠　141

12.1	SATの点数を解釈する	141
12.2	スケール	142
12.3	事前確率	142
12.4	事後確率	144
12.5	よりよいモデル	147
12.6	調整 (calibration)	149
12.7	効力の事後確率分布	151

	12.8	予測分布	152
	12.9	議論	153

13章 シミュレーション — **157**

	13.1	腎腫瘍問題	157
	13.2	単純なモデル	159
	13.3	より一般的なモデル	160
	13.4	実装	162
	13.5	ジョイント分布を記録する	163
	13.6	条件付き分布	164
	13.7	系列相関	166
	13.8	議論	170

14章 階層的モデル — **171**

	14.1	ガイガーカウンター問題	171
	14.2	シンプルに始める	172
	14.3	階層化する	174
	14.4	簡単な最適化	175
	14.5	事後確率を抽出する	175
	14.6	議論	177
	14.7	練習問題	177

15章 次元を扱う — **179**

	15.1	へそ細菌	179
	15.2	ライオンとトラとクマ	180
	15.3	階層的な版	183
	15.4	ランダムサンプリング	185
	15.5	最適化	186
	15.6	階層を畳む	187
	15.7	もう1つの問題	190
	15.8	まだ終わっていない	191
	15.9	おへそのデータ	193
	15.10	予測分布	196
	15.11	ジョイント事後確率	200

15.12 被覆率 ··· 202
15.13 議論 ··· 204

参考文献 ··· 205
索引 ··· 207

1章
ベイズの定理

1.1 条件付き確率

すべてのベイズ統計の裏にある基本的なアイデアは、ベイズの定理である。ベイズの定理は条件付き確率さえ理解していれば、驚くほど容易に導くことができる。そこで、確率から始めて、次に条件付き確率、さらにベイズの定理とベイズ統計に進むことにしよう。

確率とは、（両端を含めた）0と1との間の数値であり、事実または予測に対する信念の程度を表す。値1は、事実が真であること、予測が当たると確信できることを示す。値0は、事実が偽であると確信できることを表す。

中間の値は、確からしさの度合いを表す。値0.5は、50%とも書かれるが、予測した結果が起こるかどうかが半々ということを表す。例えば、硬貨を投げて表の出る確率は50%に近い。

条件付き確率とは、背景情報に基づいた確率である。例えば、来年心臓発作を起こす確率が知りたいとする。CDC[*1]によれば、「毎年、785,000人の米国人が1回目の心臓発作を起こす」(http://www.cdc.gov/heartdisease/facts.htm)。

米国の総人口は、3.11億人[*2]だから、来年、ランダムに選んだ米国人が心臓発作を起こす確率はほぼ0.3%になる。

しかしながら、私は米国人としてランダムに選ばれるわけではない。疫学者は、心臓発作というリスクに影響する多数の要因を見つけており、これらの要因を調べれば、

[*1] 訳注：アメリカ疾病管理予防センター Centers for Disease Control and Prevention、アトランタに本部がある。

[*2] 訳注：2012年の速報値は3.139億人、この種の値は、常に変動する。

私のリスクが平均よりも上か下かがわかる。

　私は男性で45歳、コレステロール値は上限ぎりぎりである。これらの要因はリスクを高めるが、低血圧でありタバコを吸わないので、その分リスクは低くなる。

　すべてのデータを http://hp2010.nhlbihin.net/atpiii/calculator.asp にあるオンラインの計算ツールに放り込むと、私が来年心臓発作を起こす確率は0.2%、米国平均より低いことがわかった。この値は、条件付き確率である、なぜなら、私の「条件」を形成している多くの要因に基づいているからだ。

　条件付き確率の普通の表記は、p(A|B)で、Bが真の場合のAの確率を表す。上の例では、Aが来年私が心臓発作に襲われる確率を、Bが私の示した条件集合を表す。

1.2　結合確率

　結合確率（conjoint probability）とは、2つの事柄が真である確率を表す1つの方式である。AとBとがともに真である確率をp(AかつB)と書く。

　硬貨投げやサイコロで確率を勉強すると、次の式を学ぶはずだ。

$$p(A \text{ かつ } B) = p(A)\,p(B) \quad \text{注意：常に真とは限らない}$$

　例えば、2つの硬貨を投げるとして、Aが第1の硬貨の表が出る確率、Bが第2の硬貨の表が出る確率とすると、p(A) = p(B) = 0.5となり、確かに、p(AかつB) = p(A)p(B) = 0.25となる。

　しかし、この式は、AとBとが独立の場合に成り立つ。すなわち、第1の事象の結果が第2の事象の確率に影響を及ぼさないと知っているから成り立つのである。式で書くと、p(B|A) = p(B)だからである。

　2つの事象が独立でない例を挙げよう。Aを今日、雨の降る確率として、Bを明日雨の降る確率としよう。今日、雨が降ったことを知っているなら、明日も雨が降る確率は高いから、p(B|A) > p(B)となる。

　一般に、結合確率は、任意のAとBに対して、

$$p(A \text{ かつ } B) = p(A)\,p(B|A)$$

となる。したがって、ある日の降水確率が0.5なら、翌日に雨が降る確率は、0.25ではなくて、それより少し高くなるはずだ。

1.3 クッキー問題

すぐあとでベイズの定理を学ぶのだが、その前に、クッキー問題[*1]という例題でなぜ必要かを説明しよう。クッキーの入った2つのボウルがあるとしよう。ボウル1には、30枚のバニラクッキー、10枚のチョコレートクッキーがある。ボウル2には、それぞれ20枚ずつクッキーがある。

どちらかのボウルをランダムに選び、目をつぶって、クッキーを1つランダムに選ぶ。そのクッキーがバニラだったときに、それがボウル1のだという確率はいくらだろうか。

これは、条件付き確率である。p(ボウル1|バニラ)を求めたいのだが、これをどう計算するかは、自明ではない。違った質問、ボウル1でバニラクッキーを取り出す確率を尋ねられたのなら、それはやさしい。

$$p(バニラ|ボウル1) = 3/4$$

残念なことだが、$p(A|B)$は、$p(B|A)$と同じ値ではない。しかし、これらを結び付ける方法がある。それが、ベイズの定理である。

1.4 ベイズの定理

今の時点で、ベイズの定理を導くのに必要なことはすべて揃っている。積 (and) が可換（入れ替えても値が変わらない）であることから始めよう。すなわち、任意の事象、AとBについて、次が成り立つ。

$$p(A かつ B) = p(B かつ A)$$

次に、事象の積についての確率は次のように書ける。

$$p(A かつ B) = p(A)\,p(B|A)$$

AとBとについて何も前提を置いていないので、これらの順序は可換である。交換すると次のようになる。

[*1] 原注：http://en.wikipedia.org/wiki/Bayes'_theorem に以前掲載されていたが、今は載っていない。

$$p(B\text{かつ}A) = p(B)\,p(A|B)$$

必要なことはすべて揃った。これらを組み合わせると次のようになる。

$$p(B)\,p(A|B) = p(A)\,p(B|A)$$

これは、積を計算するのに2つの方法があることを示す。$p(A)$ がわかっているなら、条件付き確率 $p(B|A)$ を掛ければよい。別の方法もある。$p(B)$ がわかっているなら、条件付き確率 $p(A|B)$ を掛ければよい。どちらでも同じ値が得られる。

最終的には、$p(B)$ で両辺を割ればよい。

$$p(A|B) = \frac{p(A)\,p(B|A)}{p(B)}$$

これが、ベイズの定理である！そう大したものには見えないかもしれないが、驚くほど強力だ。

例えば、これを使ってクッキー問題が解ける。B_1 はクッキーがボウル1から取られたという仮説、V はバニラクッキーであるという仮説を示す。ベイズの定理を使うと次のようになる。

$$p(B_1|V) = \frac{p(B_1)\,p(V|B_1)}{p(V)}$$

左辺の項が求めたいもの、バニラクッキーを選んだとして、それがボウル1から取り出された確率を表す。右の項の内容は次のようになる。

- $p(B_1)$：これは、選んだクッキーの種類を問わず、ボウル1からクッキーを取る確率である。問題では、ボウルをランダムに選ぶので、$p(B_1) = 1/2$ と仮定できる。
- $p(V|B_1)$：これは、ボウル1からバニラクッキーを取る確率で、3/4 となる。
- $p(V)$：これは、どちらかのボウルからバニラクッキーを取る確率。どちらのボウルを取るかの確率は同じで、どちらのボウルにも同じ枚数のクッキーがあるので、どのクッキーを選ぶ確率も同じである。2つのボウルに50枚のバニラクッキー、30枚のチョコレートクッキーがあるので、$p(V) = 5/8$ となる。

これらを合わせると、

$$p(B_1|V) = \frac{(1/2)\,(3/4)}{5/8}$$

が得られるので、結果は3/5となる。バニラクッキーは、ボウル1から取られる可能性が高いので、ボウル1を選んだという仮説を裏付ける証拠となる。

この例は、ベイズの定理の使い方の一例をうまく示している。つまり、$p(B|A)$から$p(A|B)$を得る戦略を与えている。この戦略は、クッキー問題のように、ベイズの定理の左辺を計算するよりも、右辺を計算するほうが容易な場合に、有用な戦略である。

1.5　通時的解釈[*1]

ベイズの定理には別の考え方もある。仮説Hの確率を、データDの内容を使って改訂していく方法である。

ベイズの定理に対するこの考え方は、**通時的解釈**（diachroic interpretation）と呼ばれる。「通時的」は、時間経過とともに起こる事柄を示すが、この場合には、仮説の確率が、新しいデータを得て時間とともに変化することを表す。

HとDを使って、ベイズの定理を書き直すと次のようになる。

$$p(H|D) = \frac{p(H)\,p(D|H)}{p(D)}$$

この解釈では、各項は次のような名称が与えられる。

- $p(H)$は、データを見る前の仮説の確率を表し、事前確率（prior probability）または、priorと呼ばれる。
- $p(H|D)$は、求めたい、データを見た後の仮説の確率で、事後確率（posterior probability）またはposteriorと呼ばれる。
- $p(D|H)$は、仮説の下でのデータの確率で、尤度（likelihood）と呼ばれる。
- $p(D)$は、どのような仮説であってもデータの得られる確率で、正規化定数

[*1] 訳注：「通時的」とは、言語学でよく使われる専門用語で、時間の経過とともに変化する現象について使う。ここでは、事前現象に関する条件付き確率を扱うので、このような言い方をする。

（normalizing constant）*1 と呼ばれる。

事前確率は背景情報から計算できることもある。例えば、クッキー問題では、ボウルをランダムに等確率で選ぶと規定していた。

他の場合は、事前確率が主観的（subjective）になる。つまり、理性的な人でも、異なった背景情報を用いるとか、同じ情報を違った解釈をするなどの理由から、一致しないものになる。

尤度は、通常、計算が最も容易である。クッキー問題では、クッキーがどのボウルから取り出したのかがわかれば、数え上げることでバニラクッキーの確率を求めることができる。

正規化定数は、ややこしい。どのような仮説の下であれ、データが出現する確率だということになっているが、最も一般的な場合には、それが何を意味するのかはっきりさせるのは困難である。

多くの場合、仮説を次のようにして単純化する。

相互排他（mutually exclusive）
　　同じ集合の中では、高々1つの仮説しか真とならない

全体網羅（collectively exhaustive）*2
　　他の可能性はない。つまり、少なくとも1つの仮説が真となる。

これらの性質を備えた仮説集合に対して、私はスイート（suite）という言葉を用いる。

クッキー問題では、クッキーがボウル1から取り出したと、ボウル2から取り出した、の2つの仮説しかなく、これらは相互排他で全体網羅である。

この場合、p(D)は、全確率の公式（law of total probability）を使って計算できる。すなわち、あることが起こるのに、2つの排他的な方式があるなら、次のように確率を足し合わせることができる。

$$p(D) = p(B_1)\,p(D|B_1) + p(B_2)\,p(D|B_2)$$

---

*1　訳注：データの確率に対する「正規化定数」という呼び名は奇妙に思われるかもしれない。これは、データの確率をすべて足し合わせると1になることから来ている。事前確率に左右されないという意味でもある。

*2　訳注：これらを続けた、Mutually Exclusive Collectively Exhaustive（MECEと略す）は、モレなくダブリなく、ということで経営現場などでよく用いられる。

クッキー問題での値を代入すると、結果は、

$$p(D) = (1/2)(3/4) + (1/2)(1/2) = 5/8$$

となり、さきほど2つのボウルを頭の中で合わせて得られた結果と同じになる。

1.6 M&M'S問題

M&M'Sは、キャンディでコーティングしたチョコレート菓子で、さまざまな色がついている。M&M'Sを製造しているマース社（Mars, Inc.）では、色の取り合わせを時々変更している。

1995年には青いM&M'Sが登場したが、それ以前、普通のM&M'Sの色の取り合わせは、30％が茶、20％が黄、20％が赤、10％が緑、10％が橙、10％が黄褐色だった。1995年からは、24％が青、20％が緑、16％が橙、14％が黄、13％が赤、13％が茶となった。

友達が、M&M'Sの袋を2つ持ってきたとしよう。1つは1994年ので、もう1つが1996年だという。どちらがどちらかは教えてくれなかったが、それぞれの袋から1つずつM&M'Sをくれた。1つが黄色で、もう1つは緑色だった。黄色が1994年の袋からのだという確率はいくらか？

この問題は、クッキー問題とよく似ているが、それぞれのボウル/袋から1つずつ取るというひねりを加えている。このような問題では、便利な表を使って解くこともできる。次章では、コンピュータを使って、問題を解く。

最初のステップは、仮説を数え上げる。黄色のM&M'Sを取り出した袋を袋1と呼ぶ。もう1つを袋2としよう。仮説は次の2つになる。

- 仮説A：袋1は1994年で、したがって、袋2は1996年。
- 仮説B：袋1は1996年で、袋2は1994年。

行が仮説で、列がベイズの定理の各項である表は次のようになる。

	事前確率p(H)	尤度p(D|H)	p(H)p(D|H)	事後確率p(H|D)
A	1/2	(20)(20)	200	20/27
B	1/2	(10)(14)	70	7/27

第1列は事前確率である。問題文から、$p(A) = p(B) = 1/2$とするのが妥当である。
第2列は、尤度で、問題の情報から計算できる。例えば、Aが真なら、黄色の

M&M'Sは、1994年の袋から確率20%で取り出し、緑は1996年の袋から確率20%で取り出している。選択が独立なので、積で結合確率が得られる。

第3列は、前の2つを掛け合わせたものである。この列の総和、270が正規化定数となる。最終列が、事後確率で、第3列の値を正規化定数で割ればよい。

簡単だろう。

細かいところで悩んだ読者もいるだろう。p(D|H)を、確率ではなく%で書いたので、1万倍したことになる。しかし、正規化定数で割ったので、相殺されて結果には影響していない。

仮説集合が、相互排他で全体網羅なら、尤度にいくら掛けても、列全体に同じ数を掛けている限りは問題ない。

1.7　モンティ・ホール問題

モンティ・ホール (Monty Hall) 問題は、確率の歴史の中でも、最も話題にのぼる問題だろう。シナリオは単純だが、正答があまりに直感に反するものだから、受け入れられない人が多い。頭のよい人の多くが、公衆の場でも、間違った答えをするだけではなく、間違った議論を、激しく展開するので面食らうのである。

モンティ・ホールは、アメリカのゲーム・ショー番組「Let's Make a Deal」の司会者だった。モンティ・ホール問題は、この番組でいつも出題されるクイズの1つに基づいている。概要を説明しよう。

- モンティが3つの扉を示して、「扉の後ろに賞品があります」と告げる。1つが車で、残りの2つはピーナッツ・バターとか付け爪など車ほど価値のないものである。賞品はランダムに配置される。
- ゲームの目的は、どこに車があるか当てること。当てたら、車がもらえる。
- 挑戦者が扉を選ぶ。それを扉Aとしよう。他は、BとCとする。
- 挑戦者が選んだ扉を開ける前に、モンティはその場を盛り上げるために、BかCの扉のうち車がない方を開ける。(車がAにあれば、モンティはBでもCでも開けられるので、ランダムに選ぶことができる。)
- そして、モンティは、「選ぶ扉をそのままにしておいても、変えてもいいですよ」、と挑戦者に話す。

問題は、選択した扉を「そのまま」にすべきか、「変える」べきか、また、違いがあるのかどうかである。

多くの人は、直感的に、何も違いはないと思う。その推論によれば、2つの扉が残っているのだから、扉Aに車のある確率は50%だ。

しかし、これは間違っている。実際、扉Aのままにしておくと、確率は1/3しかなく、変えれば、確率が2/3になる。

ベイズの定理を使って、この問題を単純な部分に分割することができ、正しい答えが実際正しいことが納得できるだろう。

初めに、データについて注意して述べることにする。Dは、2つの部分からなる。モンティが扉Bを選ぶ、ということと、そこに車がないということである。

次に、3つの仮説を定義する。Aは、車が扉Aの後ろにある。Bは、車が扉Bの後ろにある。Cは、車が扉Cの後ろにある。表をもう一度使うことにしよう。

	事前確率p(H)	尤度p(D|H)	p(H)p(D|H)	事後確率p(H|D)
A	1/3	1/2	1/6	1/3
B	1/3	0	0	0
C	1/3	1	1/3	2/3

賞品はランダムに配置されるので、事前確率は簡単にわかる。車のある確率はどの扉も等しい。

尤度の計算は、理解に時間がかかるが、きちんと注意すれば、正しいと確信が持てる。

- 車が実際にAにあれば、モンティはBでもCでも開けられる。Bを選ぶ確率は1/2になる。車はAにあるのだから、車がBにないという確率は1になる。
- もし車がBにあれば、モンティはCを開けなければならないので、Bを開ける確率は0である。
- 最後に、車がCにあれば、モンティは確率1でBを開ける。Bに車がないという確率は1である。

難しいところが終わったので、残りは計算するだけだ。3列目の和は1/2である。割り算をして、$p(A|D) = 1/3$と$p(C|D) = 2/3$になる。したがって、変えたほうがよい。

モンティ・ホール問題には、多くの変形問題がある。ベイズの方式の強みの1つは、そういう変形問題を扱えるよう一般化できることだ。

例えば、モンティはできる限りBを選び、そうしなければならない（車がBにある）と

きだけCを選ぶとしよう。この場合の表は、次のように改定される。

	事前確率p(H)	尤度p(D|H)	p(H)p(D|H)	事後確率p(H|D)
A	1/3	1	1/3	1/2
B	1/3	0	0	0
C	1/3	1	1/3	1/2

変わったのは、$p(D|A)$だけである。車がAにあれば、モンティはBかCを選べるのだが、この変形問題の場合は、常にBを選ぶので、$p(D|A) = 1$となる。

結果として、尤度は、AもCも等しくなり、事後確率が同じ$p(A|D) = p(C|D) = 1/2$となる。この場合、モンティがBを選んだことは、車の在り処について何の情報も示さず、参加者が、そのままにしても変えても確率は変わらない。

一方で、モンティがCを開けたら、$p(B|D) = 1$ということがわかる。

私がモンティ・ホール問題を本章で取り上げたのは、面白いと思ったことと、ベイズの定理が問題の複雑さを少しばかり扱いやすいものにするからである。ただし、これは、ベイズの定理の典型的な使い方とは言えないので、よく理解できなくて困ったとしても、気にしないでよい。

1.8 議論

条件付き確率を含む多くの問題において、ベイズの定理により分割統治戦略が利用できる。$p(A|B)$の計算が難しい場合、あるいは、実験的に測定が難しい場合、ベイズの定理の他の項目、$p(B|A)$、$p(A)$、$p(B)$が簡単に求められるか調べるとよい。

モンティ・ホール問題を面白いと思うなら、同様の問題を集めて、「All your Bayes are belong to us」という解説を書いたので読むとよい。http://allendowney.blogspot.jp/2011/10/all-your-bayes-are-belong-to-us.htmlにある。

2章
計算統計学

2.1 分布

統計学で**分布**(distribution)とは、値とそれに対応する確率の集合のことである。

例えば、普通の正六面体のサイコロでは、取り得る値の集合は、1から6までの数であり、それぞれの値の確率は1/6である。

また別の例として、普通の英語の文章で各単語がどれだけ出現するかに興味を持ったとする。各語とそれが何回出現するかの分布を作ることができる。

Pythonで分布を表現するには、各値から確率への対応を保持するディクショナリ (dictionary) を使うことができる。私は、Pmfというクラスを書くのに、Pythonのディクショナリをまさにそのように使い、さらに有用なメソッドをいくつか提供している。Pmfというクラス名は、分布を数学的に表現する**確率質量関数**(probability mass function)から来ている。

Pmfは、本書に付随するthinkbayes.pyというPythonモジュールで定義してある。http://thinkbayes.com/thinkbayes.pyからダウンロードできる。詳細については、ixページの「コードについて」(ixページ)という節を見てほしい。

Pmfを使う前に、次のようにインポートしておく。

```
from thinkbayes import Pmf
```

次のコードは、正六面体のサイコロの分布結果を表す。

```
pmf = Pmf()
for x in [1,2,3,4,5,6]:
    pmf.Set(x, 1/6.0)
```

Pmf()は、値なしの空Pmfを生成する。メソッドSetが、各値に確率1/6を設定する。次は、文字列の中に各語がいくつ出現するか数えるという例である。

```
pmf = Pmf()
for word in word_list:
    pmf.Incr(word, 1)
```

Incrは、各語の「確率」[*1]を1ずつ増やす。その語がPmfになかったら、追加される。

私は、この例で、「確率」と、かぎ括弧で囲んだ。この確率が正規化されていない、つまり、これらの確率の総和が1にならないからだ。したがって、これは本当の意味の確率ではない。

しかし、この例で、語の出現回数は確率に比例する。したがって、すべての語を数え上げた後で、各語の出現回数を全体の語数で割れば確率が求められる。Pmfは、それをまさに行うメソッドNormalizeを提供している。

```
pmf.Normalize()
```

Pmfのオブジェクトに対しては、次のように値を指定して、その確率を求めることができる。

```
print pmf.Prob('the')
```

これは、語「the」の頻度を、語の表の中の割合として出力する。

Pmfは、Pythonディクショナリを使って値とその確率を保持するので、Pmfの中の値は、ハッシュ可能な型であればよい。確率は、任意の数値型でよいが、普通は浮動小数点数 (型float) である。

2.2 クッキー問題

ベイズの定理の文脈では、Pmfを使って、仮説に確率を割り当てるのは自然なことである。クッキー問題では、仮説はB_1とB_2である。Pythonでは、次のように文字列を使って表す。

[*1] 訳注：原文は、「probability」。これは、「確からしさ」と訳したほうがよいかもしれない。数学的には、確率の値は、0と1との間と、定義されているからだ。

```
pmf = Pmf()
pmf.Set('Bowl 1', 0.5)
pmf.Set('Bowl 2', 0.5)
```

各仮説についての事前確率を含むこの分布は、**事前確率分布**（prior distribution）と呼ばれる。

新しいデータ（バニラクッキー）に基づいて分布を更新するには、各事前確率に対応する尤度を掛ける。ボウル1からバニラクッキーを取り出す確率は3/4となる。ボウル2の尤度は1/2となる。

```
pmf.Mult('Bowl 1', 0.75)
pmf.Mult('Bowl 2', 0.5)
```

Multは、読者が予想する通りの動きをする。すなわち、指定された仮説の確率を取り出し、それに指定された尤度を掛ける。

この更新後、分布は正規化されていないが、これらの仮説は相互排他で全体網羅なので、**再正規化**（renormalize）できる。

```
pmf.Normalize()
```

結果は、各仮説に対する事後確率の分布で、**事後確率分布**（posterior distribution）と呼ばれる。

最終的に、ボウル1の事後確率が得られる。

```
print pmf.Prob('Bowl 1')
```

答えは0.6である。この例は、http://thinkbayes.com/cookie.pyからダウンロードできる。詳細については、まえがきの「コードについて」（ixページ）を参照のこと。

2.3　ベイズ・フレームワーク

他の問題に移る前に、前節のコードを書き直して一般的なものにしておきたい。最初に、この問題に関するコードをカプセル化するクラスを定義する。

```
class Cookie(Pmf):

    def __init__(self, hypos):
```

```
        Pmf.__init__(self)
        for hypo in hypos:
            self.Set(hypo, 1)
        self.Normalize()
```

オブジェクトCookieは、仮説に確率を対応させるPmfである。メソッド__init__は、各仮説に同じ事前確率を割り当てる。前節でもそうだったが、次の2つの仮説がある。

```
hypos = ['Bowl 1', 'Bowl 2']
pmf = Cookie(hypos)
```

Cookieには、メソッドUpdateがあって、データをパラメータとして受け取り、確率を更新する。

```
def Update(self, data):
    for hypo in self.Values():
        like = self.Likelihood(data, hypo)
        self.Mult(hypo, like)
    self.Normalize()
```

Updateは、スイート中の仮説についてのループ処理で、Likelihoodで計算される、各仮説の下でのデータの尤度を確率に掛ける。

```
mixes = {
    'Bowl 1':dict(vanilla=0.75, chocolate=0.25),
    'Bowl 2':dict(vanilla=0.5, chocolate=0.5),
    }

def Likelihood(self, data, hypo):
    mix = self.mixes[hypo]
    like = mix[data]
    return like
```

Likelihoodは、mixを使う。これは、ボウルの名前に、ボウルの中のクッキーの集まりを対応させるディクショナリである。

更新すると次のようになる。

```
pmf.Update('vanilla')
```

こうして、各仮説の事後確率を出力できる。

```
for hypo, prob in pmf.Items():
    print hypo, prob
```

結果は、

```
Bowl 1 0.6
Bowl 2 0.4
```

となるが、これは、前節のコードと同じである。コードそのものは、ずっと複雑になっている。1つの利点は、同じボウルから複数のクッキーを取り出せる（取り出したクッキーの補充あり）ように一般化していることである。

```
dataset = ['vanilla', 'chocolate', 'vanilla']
for data in dataset:
    pmf.Update(data)
```

もう1つの利点は、他の同様の問題を解くためのフレームワークを提供していることである。次節でモンティ・ホール問題をプログラムで解くが、フレームワークのどこが同じかがわかる。

本節のコードは、http://thinkbayes.com/cookie2.py から得られる。詳細については、まえがきの「コードについて」（ixページ）を参照のこと。

2.4 モンティ・ホール問題

モンティ・ホール問題を解くために、新たに次のクラスを定義する。

```
class Monty(Pmf):

    def __init__(self, hypos):
        Pmf.__init__(self)
        for hypo in hypos:
            self.Set(hypo, 1)
        self.Normalize()
```

ここまでは、MontyとCookieは全く同じである。Pmfを求めるコードも仮説の名前を除いては同じである。

```
hypos = 'ABC'
pmf = Monty(hypos)
```

Updateを呼ぶところも同じ。

```
data = 'B'
pmf.Update(data)
```

Updateの実装も同じである。

```
def Update(self, data):
    for hypo in self.Values():
        like = self.Likelihood(data, hypo)
        self.Mult(hypo, like)
    self.Normalize()
```

変更が必要なのは、Likelihoodだけである。

```
def Likelihood(self, data, hypo):
    if hypo == data:
        return 0
    elif hypo == 'A':
        return 0.5
    else:
        return 1
```

最後の結果を出力するところも同じ。

```
for hypo, prob in pmf.Items():
    print hypo, prob
```

解答は、次のようになる。

```
A 0.333333333333
B 0.0
C 0.666666666667
```

この例では、Likelihoodを求めるコードは複雑だったが、ベイズ更新のフレームワークは単純だった。本節のコードは、http://thinkbayes.com/monty.py からダウンロードできる。詳細については、まえがきの「コードについて」(ixページ)を参照のこと。

2.5　フレームワークをカプセル化する

　フレームワークの中のどの要素が同じなのかわかったので、それらをカプセル化して、__init__、Update、Printを提供するPmfであるオブジェクトSuiteにする。

```python
class Suite(Pmf):
    """仮説とその確率のスイートを表す"""

    def __init__(self, hypo=tuple()):
        """分布を初期化する"""

    def Update(self, data):
        """データに基づいて各仮説を更新する"""

    def Print(self):
        """仮説とその確率を出力する"""
```

Suiteの実装はthinkbayes.pyにある。Suiteを使うには、継承クラスを作ってLikelihoodを用意する必要がある。例えば、Suiteを使って書き直したモンティ・ホール問題は次のようになる。

```python
from thinkbayes import Suite

class Monty(Suite):

    def Likelihood(self, data, hypo):
        if hypo == data:
            return 0
        elif hypo == 'A':
            return 0.5
        else:
            return 1
```

このクラスを使ったコードは次のようになる。

```python
suite = Monty('ABC')
suite.Update('B')
suite.Print()
```

この例は、http://thinkbayes.com/monty2.pyからダウンロードできる。詳細については、まえがきの「コードについて」(ixページ)を参照のこと。

2.6　M&M'S問題

フレームワークSuiteを使ってM&M'S問題を解くことができる。関数Likelihoodを書くには技巧が要るが、他は単純である。

最初に、1995年以前と以降の色の組み合わせをコード化する必要がある。

```
mix94 = dict(brown=30,
             yellow=20,
             red=20,
             green=10,
             orange=10,
             tan=10)

mix96 = dict(blue=24,
             green=20,
             orange=16,
             yellow=14,
             red=13,
             brown=13)
```

それから、仮説をコード化しないといけない。

```
hypoA = dict(bag1=mix94, bag2=mix96)
hypoB = dict(bag1=mix96, bag2=mix94)
```

hypoAは、袋1が1994年のもので、袋2が1996年だとする。hypoBは、その逆である。次に、仮説の名前とその表現との対応を取る。

```
hypotheses = dict(A=hypoA, B=hypoB)
```

最後に、Likelihoodを書く。この場合、仮説hypoは、AかBかの文字列である。データは、袋と色とを指定するタプルである。

```
def Likelihood(self, data, hypo):
    bag, color = data
    mix = self.hypotheses[hypo][bag]
    like = mix[color]
    return like
```

スイートを作って更新するコードは次のようになる。

```
suite = M_and_M('AB')

suite.Update(('bag1', 'yellow'))
suite.Update(('bag2', 'green'))

suite.Print()
```

結果は次のようになる。

A 0.740740740741
B 0.259259259259

Aの事後確率は、約20/27となり、以前計算した通りである。

本節のコードは、http://thinkbayes.com/m_and_m.pyからダウンロードできる。詳細については、まえがきの「コードについて」(ixページ)を参照のこと。

2.7 議論

本章では、ベイズ更新フレームワークをカプセル化するスイートのクラスSuiteを作成した。

Suiteは、**抽象型**（abstract type）である。つまり、スイートに必要と考えられるインターフェイスを定義したが、完全な実装は提供しない。Suiteのインターフェイスには、UpdateとLikelihoodが含まれるが、実装はUpdateしか行わず、Likelihoodの実装は提供しない。

具象型（concrete type）は、親の抽象型を拡張して、メソッドの実装を提供する。例えば、Montyは、Suiteを拡張するので、Updateを継承し、Likelihoodを実装する。

デザインパターンに詳しい読者なら、これがTemplate Methodパターンの一例であることに気づくだろう。これについては、WikipediaのTemplate Methodパターンの項目を読むとよい（http://ja.wikipedia.org/wiki/Template_Method_パターン）[*1]。

次章からのほとんどの例が同じパターンを踏襲している。問題ごとに、Suiteを拡張する新しいクラスを定義し、Updateを継承し、Likelihoodを定義する。Updateを改善し、性能を向上させる場合もある。

[*1] 訳注：英語では、http://en.wikipedia.org/wiki/Template_method_pattern。いつものことだが、日本語のWikipediaと内容は異なっている。英語の方が詳しい。

2.8 練習問題

問題 2-1

「2.3 ベイズ・フレームワーク」で、私は、クッキー問題の解は、補充ありで複数のクッキーを取り出せるように一般化していると述べた。

しかし、取り出したクッキーを食べてしまうという、より現実的なシナリオでは、取り出した結果は以前の取り出しに依存する。

本章の解を修正して、補充なしの選択を扱えるようにせよ。ヒント：Cookieに、ボウルの仮定的な状態を表すインスタンス変数を追加し、尤度をそれに従って変更せよ。オブジェクトBowlを定義するとよいかもしれない。

3章
推定

3.1 サイコロ問題

4面のサイコロ、6面のサイコロ、8面のサイコロ、12面のサイコロ、20面のサイコロの入った箱を持っているとする。Dungeons & Dragonsというゲームをしたことがあれば、言いたことがわかるだろう。

箱からサイコロをランダムに選んで、振って、6が出たとする。各サイコロを振った確率は、どうなるか。

このような問題に取り組む3ステップ戦略を示そう。

1. 仮説の表現を選ぶ。
2. データの表現を選ぶ。
3. 尤度関数を書く。

これまでの例では、文字列を使って仮説とデータを表したが、このサイコロ問題では数を使う。具体的には、整数4, 6, 8, 12, 20で仮説を表す。

```
suite = Dice([4, 6, 8, 12, 20])
```

そして、1から20の整数でデータを表す。こういう表現だと、尤度関数が簡単になる。

```
class Dice(Suite):
    def Likelihood(self, data, hypo):
        if hypo < data:
            return 0
        else:
            return 1.0/hypo
```

Likelihoodの処理は次のようになる。hypo<dataなら、出た目がサイコロの面の個数より多いことを意味する。これは起こりえないので、尤度は0。

そうでないときの質問は、「hypo個の面があるのだが、dataの目が出る機会はどのぐらいなのだろうか」である。答えは、dataの値にかかわらず、1/hypoとなる。

更新（私が6を出した）の文は次のようになる。

    suite.Update(6)

そして、事後確率分布は次のようになる。

    4 0.0
    6 0.392156862745
    8 0.294117647059
    12 0.196078431373
    20 0.117647058824

6が出た後では、4面サイコロの確率は0になる。一番確率が高いのは、6面サイコロだが、20面サイコロの可能性も12%ある。

もう少しサイコロを振って、6, 8, 7, 7, 5, 4が出たらどうなるか。

    for roll in [6, 8, 7, 7, 5, 4]:
        suite.Update(roll)

このデータからは、6面サイコロも排除され、8面サイコロである可能性が最も高い。結果は次のようになる。

    4 0.0
    6 0.0
    8 0.943248453672
    12 0.0552061280613
    20 0.0015454182665

8面サイコロの確率が94%となり、20面サイコロは1%より低くなる。

サイコロ問題は、Sanjoy Mahajanのベイズ推論のクラスでの問題に基づく。本節のコードは、http://thinkbayes.com/dice.pyからダウンロードできる。詳細については、まえがきの「コードについて」(ixページ)を参照のこと。

3.2 機関車問題

機関車問題は、モステラーの『確率の50の挑戦問題とその解』[Mosteller 87]に掲載されていた。

> 「ある鉄道会社では、機関車に1..Nという番号を付けている。ある日、60番という機関車を目撃したとすると、鉄道会社は何台の機関車を所有しているのか推測せよ」

この観察から、鉄道会社に60両以上の機関車があることはわかっている。しかし、それ以上一体どれだけあるのか。ベイズ推論を適用すると、この問題を次の2ステップで解くことができる。

1. このデータを見る前にNについて何を知っていたか。
2. Nが与えられたとしたら、データ（60番の機関車）を目撃する機会はどのようなものか。

最初の質問の答えは事前確率。2番目の答えは尤度。

事前確率を選ぶための基礎情報はあまりないが、単純なものから始めて、他を考慮していこう。Nは、1から1000までの範囲ではどれも同じくらいと仮定しよう。

```
hypos = xrange(1, 1001)
```

必要なのは尤度関数である。N両の機関車の車両を仮定したとすると、60番を目撃する確率はどれぐらいだろうか。1両しか運行しない会社がある（または、1両だけに注目する）と仮定して、機関車のどれを目撃するかは等確率だとするなら、特定の機関車を目撃する機会は$1/N$となる。

尤度関数は次のようになる。

```
class Train(Suite):
    def Likelihood(self, data, hypo):
        if hypo < data:
            return 0
        else:
            return 1.0/hypo
```

このコードに見覚えがあるだろう。機関車問題の尤度関数とサイコロ問題のとは同じである。

更新は次のようになる。

```
suite = Train(hypos)
suite.Update(60)
```

仮説が多すぎて掲載できないので、図3-1に結果をグラフにした。当然ながら、60未満のNについての値は排除されている。

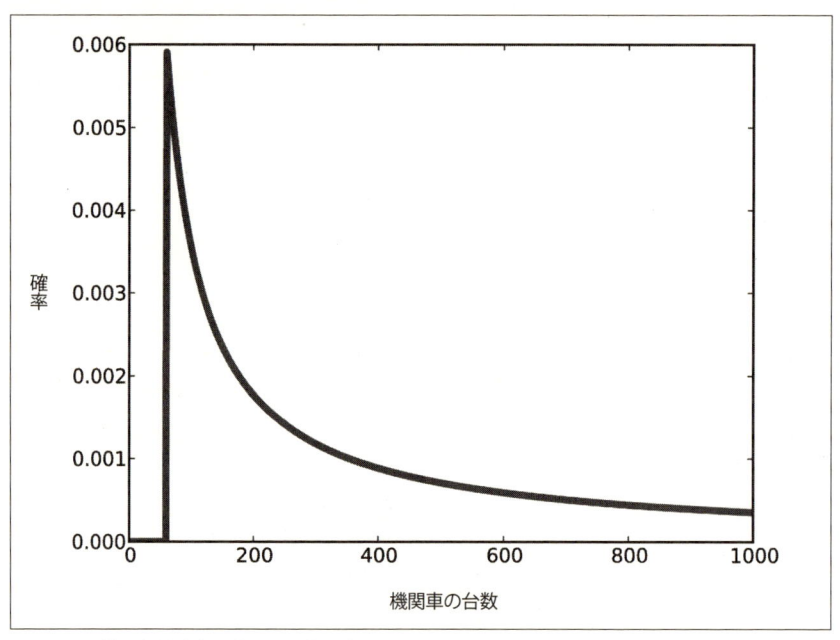

図 3-1　一様な事前確率に基づいた機関車問題の事後確率分布

強いて推量するならば、最も可能性が高い値は60である。あまりよい推論のようには思えないだろう。結局のところ、一番大きな番号の機関車をたまたま目撃する確率はどれぐらいなのだろうか。とはいえ、ちょうどぴったりの正解を当てる確率を最大化したいなら、60と答えるべきなのだ。

しかし、ぴったりの答えがよい目標とは限らない。他には、事後確率分布の平均を計算するというものがある。

```
def Mean(suite):
    total = 0
    for hypo, prob in suite.Items():
        total += hypo * prob
    return total
print Mean(suite)
```

あるいは、Pmfが提供する同様のメソッドを次のように使うこともできる。

```
print suite.Mean()
```

事後確率の平均は、333なので、正解との誤差を最小化したいなら、それがよい推測になる。この推測ゲームを繰り返し行ったとき、推測値に事後確率の平均を用いれば、長い目で見たときの平均二乗誤差を最小化できることが知られているからだ (http://en.wikipedia.org/wiki/Minimum_mean_square_error参照)。

この例は、http://thinkbayes.com/train.pyからダウンロードできる。詳細については、まえがきの「コードについて」(ixページ)を参照のこと。

3.3 事前確率についてはどうなのか

機関車問題を解くためには、何らかの仮定を設けなければならなかったが、その中には全く任意に選んだものもある。特に、1から1,000の一様な事前確率の選択では、1,000を選んだ正当な理由もなく、一様分布の選択についても説明しなかった。

鉄道会社が1,000両の機関車を所有していると信じること自体はそうおかしくはないが、これより少なめや、多めの車両数を推測するのもおかしいことではない。したがって、このような仮定によって事後確率が大きく変化するかが知りたくなるはずだ。たった1つの観測という、こんなにわずかなデータでは、多分大きく変化するだろうと。

1から1,000の一様な事前確率ならば、事後確率の平均が333であった。上限が500だと、事後確率の平均は207、そして上限が2,000だと、事後確率の平均は552になる。

これは避けたい。この先は2つの方向がある。

- さらにデータを取得する。
- さらに背景情報を取得する。

もっとデータがあれば、異なった事前確率でも事後確率分布が収束するようになる。

例えば、60番の機関車の他に30番と90番の機関車を目撃したとする。分布は次のように更新される。

```
for data in [60, 30, 90]:
    suite.Update(data)
```

このデータだと、事後確率の平均は次のようになる。

上限	事後確率の平均
500	152
1000	164
2000	171

つまり、差が小さくなる。

3.4　別の事前確率

データがこれ以上得られないとすると、もう1つの選択肢は、背景情報をさらに多く集めて事前確率を改善することだろう。1,000両の機関車を所有する鉄道会社が、1両しか機関車を所有しない会社と同じようだと仮定するのは、おそらく妥当とは言えないだろう。

少々骨を折れば、観察した地域で機関車を運行する会社のリストを入手できるだろう。あるいは、鉄道輸送の専門家に聞いて、鉄道会社の典型的な規模についての情報を集めることができるだろう。

しかし、鉄道ビジネスの詳細が得られなくても、もう少し正確な推測をすることが可能である。ほとんどの分野において、多数の零細企業があり、中規模の会社数はそれより少なく、非常に大きな企業は1つか2つである。実際、企業規模は、Robert Axtellがサイエンス誌で報じたように (http://www.sciencemag.org/content/293/5536/1818.full.pdf参照)[*1]べき乗則に従う。

べき乗則からは、もし所有する機関車が10両未満の会社が1000社あるなら、100両の会社が100社で、1,000両の会社が10社、10,000両の会社が1社と推測される。

数学的には、べき乗則は、与えられたサイズの会社数は、サイズに逆比例することを意味する。

[*1]　訳注：このPDFを見るには、AAASへの会員登録が必要だが、無料の会員登録を行えばよい。

$$\mathrm{PMF}(x) \propto \left(\frac{1}{x}\right)^{\alpha}$$

ここで、PMF(*x*)は*x*の確率質量関数を、*α*はパラメータで、たいていは1に近い値が設定される。

べき乗則事前確率を次のように定義できる。

```
class Train(Dice):

    def __init__(self, hypos, alpha=1.0):
        Pmf.__init__(self)
        for hypo in hypos:
            self.Set(hypo, hypo**(-alpha))
        self.Normalize()
```

事前確率そのものを求めるコードは次のようになる。

```
hypos = range(1, 1001)
suite = Train(hypos)
```

上限は、またしても任意に取られたものだが、事後確率は、上限の選択にはそれほど左右されない。

図3-2は、べき乗則に基づいた新しい事後確率を、一様な事前確率に基づいたものと比較して示す。べき乗則で表現された背景情報を用いることで、700より大きい*N*の値を排除することができる。

このべき乗則事前確率で始め、30、60、90番の機関車を目撃したなら、事後確率の平均は次の表のようになる。

上限	事後確率平均
500	131
1000	133
2000	134

今度の差異はずっとわずかだ。実際、任意に大きな上限を取っても、平均は134に収束する。

したがって、べき乗則事前確率は、会社のサイズに関する一般的な情報に基づいた、より現実的な仮定であり、実際によりよく振る舞うことが分かる。

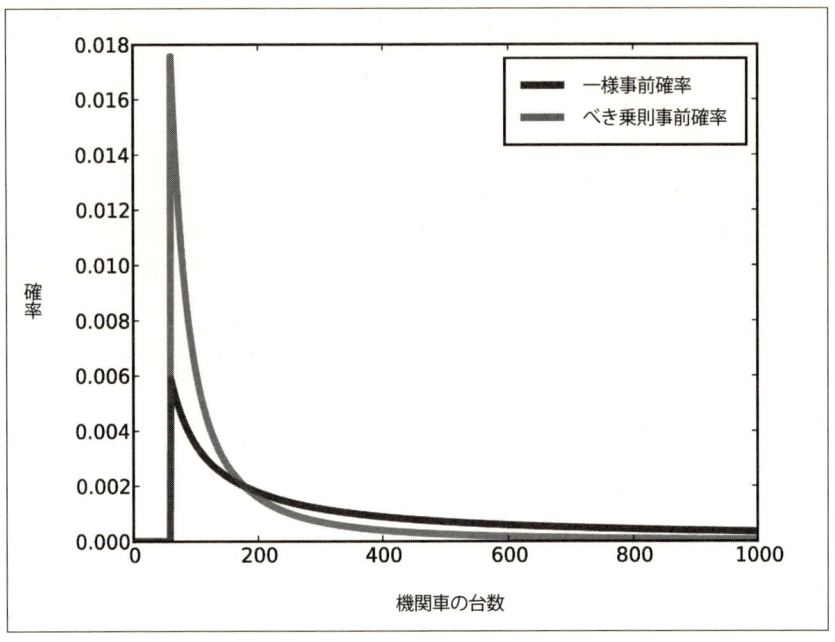

図 3-2 べき乗則事前確率に基づく事後確率の分布、一様な事前確率に基づくものと比較する。

本節の例は、http://thinkbayes.com/train3.py からダウンロードできる。詳細については、まえがきの「コードについて」(ixページ)を参照のこと。

3.5 信用区間

事後確率を一旦計算したなら、その結果をある一点もしくは区間での推定 (estimation) にまとめると有用なことが多い。一点での推定には平均値、中央値、または最尤推定値を用いるのが普通例である。

区間については、2つの値を計算して出すのが一般的で、そうすれば未知の値がその間にある確率が90% (もちろん他の確率値でもよい) になるというふうにする。この2つの値は、**信用区間** (credible interval, Bayesian confidence interval) を定義する[*1]。

信用区間を計算する単純な方式は、事後確率分布の確率を加えていって、確率5%と

[*1] 訳注:一般の統計学では、信頼区間 (confidence interval) を用いる。信用区間は、ベイズ推計特有の言い回しだが、一般的には、信頼区間と呼ぶことが多い。

95%の記録をしておくことである。言い換えると、百分位（percentile）で5番目と95番目である。

thinkbayesには、百分位を計算する関数がある。

```
def Percentile(pmf, percentage):
    p = percentage / 100.0
    total = 0
    for val, prob in pmf.Items():
        total += prob
        if total >= p:
            return val
```

これを使うコードは、次のようになる。

```
interval = Percentile(suite, 5), Percentile(suite, 95)
print interval
```

前節で、べき乗則の事前確率と3両の機関車が観測された場合を例にとると、90%信用区間は、(91, 243) である。この区間の幅は、何両の機関車があるかについてまだ確信が持てないことを示唆している。

3.6　累積分布関数

前節では、Pmfの値と確率を反復処理して百分位を計算した。もっと多くの百分位を計算したいとするならば、累積分布関数（Cumulative distribution functions）、Cdfを使うほうが効率的である。

CdfとPmfとは、分布について同じ情報を持っているという意味で等価であり、一方から他方へいつでも変換することができる。Cdfには百分位をより効率的に計算できるという利点がある。

thinkbayesには、累積分布関数を表すクラスCdfがある。Pmfは、対応するCdfを作るメソッドを提供する。

```
cdf = suite.MakeCdf()
```

Cdfは、Percentileという名の関数を提供している。

```
interval = cdf.Percentile(5), cdf.Percentile(95)
```

PmfからCdfへの変換には、値の個数len(pmf)に比例した時間がかかる。Cdfは、値と確率とをソートしたリストに保存するので、確率から対応する値を取り出すには、「対数時間」が必要となる。すなわち、値の個数の対数に比例する時間がかかる。値から対応する確率を取り出す場合も対数的なので、Cdfは、多くの計算で効率的である。

本節の例は、http://thinkbayes.com/train3.pyからダウンロードできる。詳細については、まえがきの「コードについて」(ixページ)を参照のこと。

3.7　ドイツ軍戦車問題

第二次大戦中、ロンドンにある米国大使館の経済戦争部門 (Economic Warfare Division) は、統計分析によってドイツの戦車やその他軍備の生産量を推定した[*1, *2]。

連合軍は、個別の戦車について、シャーシーやエンジンのシリアルナンバーをはじめとする運行記録、在庫目録、修理記録などを入手していた。

これらの記録の分析から、シリアルナンバーには、製造者と戦車の型番が100ブロックに割り当てられ、各ブロックでは数が順々に使われ、各ブロックのすべての数が使われているわけではないことがわかった。したがって、ドイツ軍戦車の生産台数を推定するという問題は、100個の各ブロックで、機関車問題に帰着できた。

これらの洞察から、連合軍側の分析担当者は、他の諜報情報よりもはるかに低い推定値を出した。戦後、この推定がほぼ正確であったことが示された。

彼らは、タイヤ、トラック、ロケット、その他の装備についても同様の分析を行い、正確で実用的な**経済推測** (economic intelligence) を行うことができた。

ドイツ軍戦車の例は、歴史的にも興味深い。同時に、統計推定の実世界応用の好例でもある。本書のこれまでの例の多くは、初歩的なものだったが、すぐに実際の問題を扱えるようになる。私の考えでは、基本の導入から先端的研究までの距離が驚くほど短いのが、ベイズ分析の、特に私達のとったプログラム手法の利点である。

---

*1　原注：Ruggles and Brodie, 「An Empirical Approach to Economic Intelligence in World War II,」 Journal of the American Statistical Association, Vol. 42, No. 237 (March 1947)。

*2　訳注：https://engineering.purdue.edu/~ipollak/ece302/FALL09/notes/An_Empirical_Approach_to_Economic_Intelligence_in_World_War_II_Ruggles_Brodie_1947.pdfにある。

3.8 議論

ベイズ統計において、事前確率を選ぶ2つの方式がある。問題に対する背景情報を最もよく表すものを選ぶべきだという主張もある。この場合には、事前確率は**情報的に十分**（informative）と呼ばれる。この情報的事前確率を使う場合、人によっては、異なる背景情報（あるいは、異なる解釈）を使うという問題点がある。したがって、情報的事前確率は、しばしば主観的とされる。

もう1つは、**非情報的事前確率**（uninformative prior）と呼ばれるもので、できる限り制約を課さず、データそのものに語らせようとする方式である。場合によっては、推定量に対する最小事前確率情報のように、望ましい特性を備えた特別な事前確率を特定することができる。

非情報的事前確率は、より客観的な印象を与えるので好ましく感じられる。しかし、私は、一般に、情報的事前確率を使う方に賛成だ。なぜか。第一に、ベイズ分析は常にモデル化の決定に基づいている。事前確率の選択は、そのモデル化の決定の1つであるが、これが唯一の決定というわけでもなければ、最も主観的な決定というわけでもない。したがって、非情報的事前確率がより客観的だとしても、全体の分析そのものは、主観的なままだ。

さらに、ほとんどの実際の問題において、次のどちらかになる。すなわち、たくさんのデータがあるか、あまりデータがないかのどちらかだ。たくさんのデータがあれば、事前確率の選択そのものに対して問題はない。情報的事前確率も非情報的事前確率もほとんど同じ結果になる。次章でこのような例を紹介する。

しかし、機関車問題のように、データが少ないなら、（べき乗則分布のように）関連する背景情報を用いることが大きな差異を生み出す。

そして、ドイツ戦車問題のように、結果に基づいて生死を分ける決断を行わなければならないなら、あたかも、実際は知っていることも知らないとする客観性の幻想を維持することよりも、使える限りの情報すべて用いるべきなのだ。

3.9 練習問題

問題 3-1

機関車問題の尤度関数を定義するには、「鉄道会社にN両の機関車がある場合、60

番の車両を目撃する確率はいくらか」という質問に答えなければいけなかった。

答えは、機関車を観察するときに使うサンプル取得プロセスに依存する。本章では、鉄道会社は1社しかない（問題にしているのは1つだけという意味で）として、その曖昧さを取り除いた。

しかし、そうではなくて、異なる車両数の列車を運行させている鉄道会社が複数あったと仮定しよう。そして、どの鉄道会社の運行する車両も同じくらいの確率で見かけるものと仮定しよう。その場合、大会社の運行する列車の方がよく見かけるはずなので、尤度関数は以前と異なるはずだ。

練習問題として、機関車問題のこの変形の尤度関数を求めて、結果を比較せよ。

4章
もっと推定を

4.1 ユーロ硬貨問題

［MacKay 03］の59ページで、マッケイは次のような問題を出している。

2002年1月4日金曜日のガーディアン紙に、次のような統計に関する記事が出た。

ベルギーの1ユーロ硬貨を250回指ではじいて回してみたところ、表が140回、裏が110回出た。ロンドン・スクール・オブ・エコノミクス（LSE）の統計学の講師であるBarry Brightは、「非常に怪しい」「硬貨に偏りがないなら、このような極端な結果の出る確率は7%より小さい」と語っている。

しかし、このデータは、硬貨が釣り合いがとれていなくて偏っているという証拠になるのだろうか。

この問題に答えるには、2つのステップが要る。最初に、硬貨の表が出る確率を見積もる。次に、データが、硬貨に偏りがあるという仮説を裏付けるかどうかを評価する、というものだ。

本節のコードは、http://thinkbayes.com/euro.py からダウンロードできる。詳細については、まえがきの「コードについて」（ixページ）を参照のこと。

どんな硬貨でも、回転させたとき表が出て止まる確率 x がある。x の値が、主として重みの分布による、硬貨の物理特性に依存すると信じることは妥当だろう。

硬貨が完全に歪みがないなら、x が50%に近いと期待できるだろうが、不均衡な硬貨の場合には、x がそれよりかなり異なる可能性がある。ベイズの定理と観察データを使って、x を評価することができる。

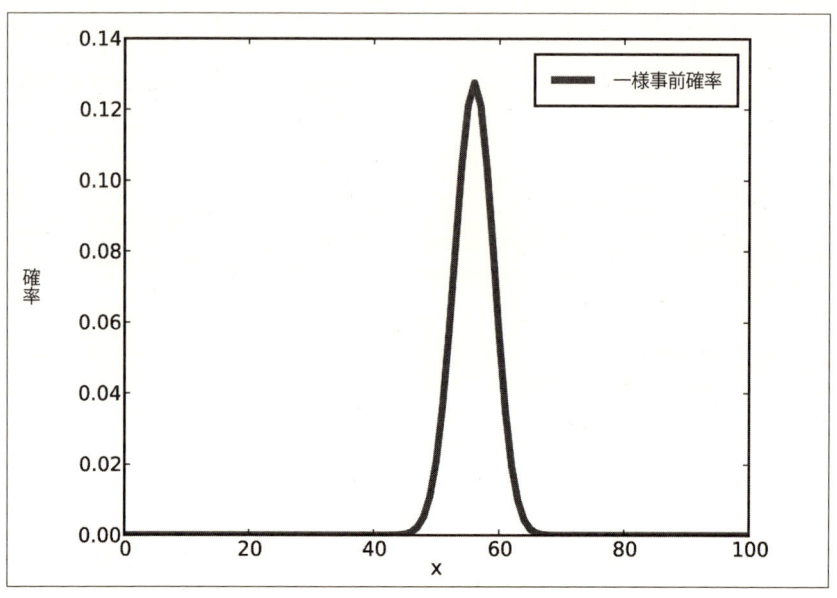

図4-1 一様事前確率でのユーロ硬貨問題に対する事後確率

101個の仮説を定義して、H_xが、xの値0から100についての、表の出る確率がx%であるという仮説とする。H_xの確率がすべてのxについて同じであるという一様事前確率から出発することにしよう。他の事前確率については、後で検討しよう。

尤度関数は比較的簡単に書ける。H_xが真なら、表の確率は$x/100$、裏の確率は、$1 - x/100$である。

```
class Euro(Suite):

    def Likelihood(self, data, hypo):
        x = hypo
        if data == 'H':
            return x/100.0
        else:
            return 1 - x/100.0
```

スイートを作って更新するコードは次のようになる。

```
suite = Euro(xrange(0, 101))
dataset = 'H' * 140 + 'T' * 110
```

```
for data in dataset:
    suite.Update(data)
```

図4-1に結果を示す。

4.2 事後確率をまとめる

繰り返しになるが、事後確率をまとめるにはいくつかの方法がある。1つの方式は、事後確率分布において最もあり得る値を返すものである。thinkbayesは、それを行う関数を次のように提供している。

```
def MaximumLikelihood(pmf):
    """Returns the value with the highest probability."""
    prob, val = max((prob, val) for val, prob in pmf.Items())
    return val
```

この場合、結果は56で、これは表が出る観察結果でもある。すなわち、140 / 250 = 0.56。したがって、これは観察したパーセントが、分布に対する最尤評価を与えることを示唆する。

事後確率をまとめて、平均と中央値を与えることもできる。

```
print 'Mean', suite.Mean()
print 'Median', thinkbayes.Percentile(suite, 50)
```

平均は、55.95。中央値は56。最後に、信用区間を計算できる。

```
print 'CI', thinkbayes.CredibleInterval(suite, 90)
```

結果は、(51, 61)である。

さて、元の問題に戻ると、硬貨が偏っていないかどうかを知りたい。事後確率信用区間が50%を含まないことを見たので、これは硬貨が偏っていることを示唆する。

しかし、これはもとの正確な質問ではない。マッケイは、「このデータは、硬貨が正しくなくて偏っているという証拠になるのだろうか」と問うていた。この質問に答えるには、データが仮説を支持する証拠を構成するとは、何を意味するのかを正確に述べなければならない。これが、次章の主題となる。

しかし、次へ進む前に、混乱のもとについて述べておこう。硬貨が偏っていないかどうかを知りたいので、xが50%になる確率を求めればよいのではないかと思うかもし

れない。

```
print suite.Prob(50)
```

結果は、0.021だが、この値は、ほとんど意味がない。101個の仮説を評価するという決定は、任意なものであり、領域をより多くまたはより少なく分割することが可能であり、そうすると、任意の仮説に対する確率が大きくなったり小さくなったりする。

4.3　事前確率を圧倒する

我々は、一様事前確率から出発したが、これは、よい選択ではなかったかもしれない。硬貨が偏っているなら、xは、50%よりかなり離れていると私は信じるが、ベルギーユーロ硬貨がxが10%や90%になるほど、偏ってしまうとは信じられない。

事前確率を、50%に近いxの値については高い確率を、極端な値については低い確率を与えるような事前確率を選ぶほうが、より妥当だろう。

例えば、図4-2に示すような三角形の事前確率を私は選んだ。事前確率を選ぶコード

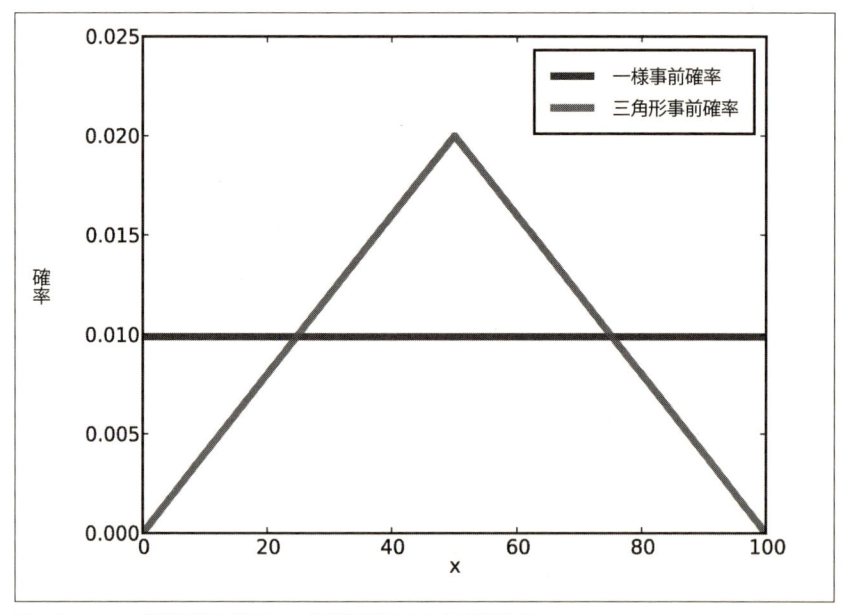

図4-2　ユーロ硬貨問題に対する一様事前確率と三角事前確率

は次のようになる。

```
def TrianglePrior():
    suite = Euro()
    for x in range(0, 51):
        suite.Set(x, x)
    for x in range(51, 101):
        suite.Set(x, 100-x)
    suite.Normalize()
```

図4-2に、結果（及び比較のために一様事前確率）を示す。この事前確率を同じデータ集合で更新すると、図4-3に示す事後確率分布が得られる。事前確率が相当に違っているにもかかわらず、事後確率分布は、非常に似通っている。中央値と信用区間とは同じであり、平均値が0.5%以内で異なるだけだ。

これは、事前確率を圧倒する例である。十分なデータがあれば、異なった事前確率で始めた人も同じ事後確率に収束する傾向を持つ。

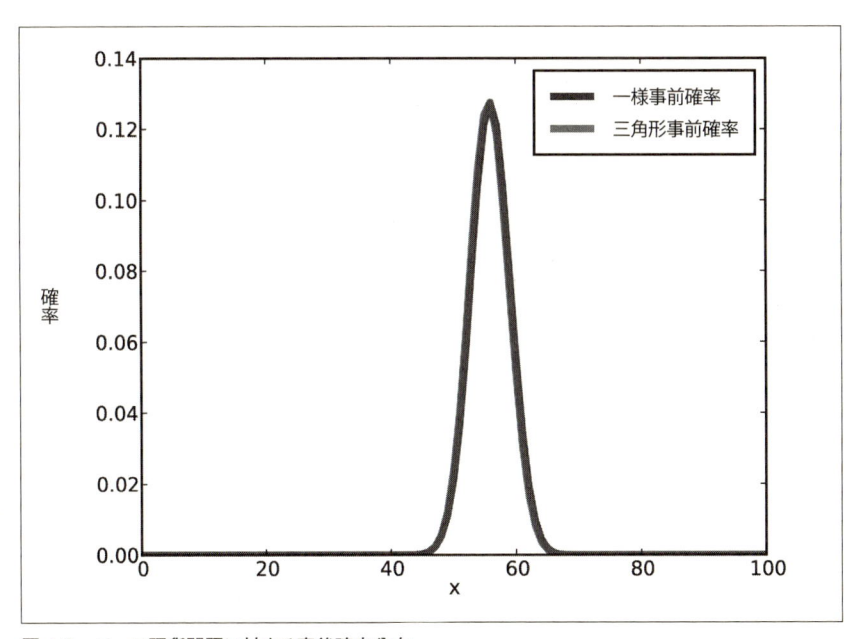

図4-3　ユーロ硬貨問題に対する事後確率分布

4.4 最適化

これまで私が示したコードは、読みやすさを優先したものだが、あまり効率的ではなかった。一般に、私は、見た目でも正しいとわかるコードを開発するようにしている。その後で、目的のための十分な速度があるかどうか確かめる。十分だったら最適化の必要はない。この例では、実行時のことを考えれば、速度を上げるいくつかの方法がある。

最初に、スイートを正規化する回数を減らすことができる。元々のコードでは、1回硬貨を回すごとに`Update`を呼び出していた。

```
dataset = 'H' * heads + 'T' * tails

for data in dataset:
    suite.Update(data)
```

`Update`は、次のようになっていた。

```
def Update(self, data):
    for hypo in self.Values():
        like = self.Likelihood(data, hypo)
        self.Mult(hypo, like)
    return self.Normalize()
```

`Update`では、仮説を1つずつ処理していて、その後で`Noramalize`を呼び出すのだが、これは、仮説をまた反復処理する。正規化の前にすべての更新を済ますことで、時間の節約ができる。

`Suite`には、それを行う`UpdateSet`というメソッドがある。

```
def UpdateSet(self, dataset):
    for data in dataset:
        for hypo in self.Values():
            like = self.Likelihood(data, hypo)
            self.Mult(hypo, like)
    return self.Normalize()
```

`UpdateSet`は次のように呼び出せばよい。

```
dataset = 'H' * heads + 'T' * tails
suite.UpdateSet(dataset)
```

この最適化で処理速度は向上するが、実行時間はデータ量に比例するままだ。Likelihoodを書き換えて、1回硬貨を回すごとにではなく、データ集合全体を処理することで、さらに速度を向上できる。

元の版では、dataは、表か裏かを示す文字列だった。

```
def Likelihood(self, data, hypo):
    x = hypo / 100.0
    if data == 'H':
        return x
    else:
        return 1-x
```

新たな方式としては、データ集合を2つの整数、表の個数と裏の個数の組としてコード化できる。そうすると、Likelihoodは次のようになる。

```
def Likelihood(self, data, hypo):
    x = hypo / 100.0
    heads, tails = data
    like = x**heads * (1-x)**tails
    return like
```

こうすると、次のようにUpdateを呼び出せる。

```
heads, tails = 140, 110
suite.Update((heads, tails))
```

掛け算の繰り返しを累乗で置き換えたので、この版だと硬貨を回す回数がいくらになっても、同じ時間しかかからない。

4.5 ベータ分布

この問題をさらに高速化する最適化がある。これまでは、xの値の離散集合を表すのにPmfオブジェクトを使ってきた。今度は、連続分布、具体的にはベータ分布（beta distribution、http://en.wikipedia.org/wiki/Beta_distribution参照）[*1]を使うことにする。

ベータ分布は、0から1（両端を含む）の区間で定義されるので、割合や確率の記述に向いている。しかし、さらなる利点がある。

[*1] 訳注：日本語版は、http://ja.wikipedia.org/wiki/ベータ分布。英語版のように詳しい説明はない。

以前の節で行っていたように、二項尤度関数でベイズ更新を行うとき、ベータ分布は**共役事前確率**(conjugate prior) であることがわかる。すなわち、xの事前確率がベータ分布であるなら、事後確率もベータ分布になる。しかし、さらなる恩恵がある。

ベータ分布の形は、2つのパラメータ、αとβ、すわなちalphaとbetaとに依存する。事前確率が、パラメータalphaとbetaを持つベータ分布であり、表がh、裏がtのデータであったとすれば、事後確率は、パラメータがalpha+hとbeta+tを持つベータ分布となる。言い換えると、更新を2つの加算だけで行うことができる。

これは驚くべきことだが、事前確率としてふさわしいベータ分布を見つけられた場合にのみ有効である。幸運なことに、実際の事前確率の多くについては、少なくともよい近似となるベータ分布が存在する。一様分布な事前確率については、完全に一致するものがある。alpha=1かつbeta=1のベータ分布は、0から1で一様分布となる。

これらすべてを利用するとどうなるか確認してみよう。thinkbayes.pyでは、ベータ分布を表すクラスを用意している。

```
class Beta(object):

    def __init__(self, alpha=1, beta=1):
        self.alpha = alpha
        self.beta = beta
```

デフォルトで、__init__は、一様分布を作る。Updateは、ベイズ更新を行う。

```
def Update(self, data):
    heads, tails = data
    self.alpha += heads
    self.beta += tails
```

dataは、表と裏の個数を表す整数対である。

ユーロ硬貨問題を解く新たな方式は次のようになる。

```
beta = thinkbayes.Beta()
beta.Update((140, 110))
print beta.Mean()
```

Betaで定義されるMeanは、alphaとbetaの単純な関数で計算を行う。

```
def Mean(self):
    return float(self.alpha) / (self.alpha + self.beta)
```

ユーロ硬貨問題の事後確率の平均値は、56%で、Pmfを使って得たのと同じ結果になる。

Betaは、EvalPdfも与えるが、これは、ベータ分布の確率密度関数（probability density function, PDF）を計算する。

```
def EvalPdf(self, x):
    return x**(self.alpha-1) * (1-x)**(self.beta-1)
```

最後に、Betaは、MakePmfも定義する。MakePmfは、EvalPdfを使ってベータ分布の離散近似を求める。

4.6 議論

本章では、同じ問題を2つの異なる事前確率で解き、データ集合が十分大きければ、事前確率が圧倒されることを確認した。2人が、異なった事前確率信念から出発したとしても、より多くのデータを集めることによって、一般的に彼らの事後確率分布が収束して一致することを発見するものだ。ある時点で、彼らの分布の間の差異は、実際には問題がなくなるほど十分小さくなる。

このようになると、前章で議論した客観性についての懸念の一部は解消する。多くの実世界の問題において、まったく異なった事前確率ですら、データによって、最終的に一致するようになるものだ。

しかし、常にそうなるわけではない。そもそも、すべてのベイズ分析が、モデル化の決定に依存することを覚えておかねばならない。読者と私が異なるモデルを選べば、データを異なって解釈することになる。したがって、同じデータに対しても、異なる尤度を計算し、互いの事後確率信念は、1つに収束しないかもしれない。

さらに、ベイズ更新において、事前確率に尤度を掛けることに注意しなければならない。したがって、Dにかかわらず、p(H)が0ならば、p(H|D)も0になる。ユーロ硬貨問題において、xが50%より小さいと確信していて、他の仮説すべてに確率0を割り当てたなら、どんなに多くのデータであっても読者の信念を変えることができないだろう。

この観察は、クロムウェル規則（Cromwell's rule）のもとになっている。これは、たとえ、そうなることがありえないと思われても、どの仮説にも事前確率0を割り当てるべきではないという推奨則である（http://en.wikipedia.org/wiki/Cromwell's_rule 参照）。

なお、クロムウェル規則は、オリバー・クロムウェルの有名な言葉、「キリストのはらわたにかけて、貴殿が間違っていないかどうかとご考慮願いたい」[*1]から名付けられている。ベイズ論者にとって、これは有益な助言（たとえ、少々やりすぎであっても）である。

4.7 練習問題

問題 4-1

硬貨投げを直接観察する代わりに、計測装置を使って結果を測定するが、計測装置には間違いがあるものとする。具体的には、実際は表なのに裏であるという結果が報告されたり、実際は裏なのに表と報告される確率が y だとする。

一連の結果と y の値から、硬貨の偏りを推定するクラスを書け。

事後確率分布の広がり方は、y にどの程度依存するか。

問題 4-2

この問題は、http://reddit.com/r/statistics に掲載された dominosci という名の投稿者 (redditor) による、Reddit の統計板の質問から拝借した。

Reddit とは、subreddit（板）と呼ばれる多くの専門グループからなるオンラインフォーラムである。利用者は redditor と呼ばれ、オンラインの内容へのリンクやウェブページを投稿する。他の redditor が、そのリンクについて投票して、高品質なリンクには、賛成票 (upvote) を、よくなかったり無関係なリンクについては、反対票 (downvote) を投じる。

Dominosci が投じた問題とは、redditor の中には信頼できる人と信頼できない人がいるのだが、Reddit では、それを考慮していないということである。

課題は、redditor が投票するときに、その redditor の信頼度に応じてリンクの品質の推測値が更新され、また redditor の信頼度の推測値がリンクの品質に応じて更新されるようなシステムを作り出すことである。

1つのやり方は、リンクの品質を賛成票を生成する確率としてモデル化し、redditor の信頼度を高品質なものに対して賛成票を正しく投じる確率としてモデル化することで

[*1] 訳注：クロムウェルのスコットランド征服のきっかけとなった、スコットランド教会への手紙の言葉。"I beseech you, in the bowels of Christ, think it possible that you may be mistaken"

ある。

　Redditorとリンクに対するクラス定義と、redditorが投票するたびに両方のオブジェクトを更新する更新関数を書け。

5章
オッズと加数

5.1 オッズ

確率を表すには、0と1の間の数で表す方法があるが、それだけではない。アメフトや競馬で賭けた経験があるなら、**オッズ**（odds）と呼ばれる確率の別の表現を知っているはずだ。

「オッズは3対1だ」というような文句を聞いたことがあるだろうが、その意味を正確にはわかっていないかもしれない。ある事象に**勝算がある**（odds in favor）とは、それが起こる確率の方が、起こらない確率よりも大きいことを言う。

したがって、私のチームが勝つ機会が75%なら、勝つ機会が負ける機会の3倍あるので、勝つオッズは3対1だと言うことができる。

オッズを数値で書くこともできるが、普通は整数比で書くので、「3対1」を3:1と書く。

確率が低い場合は、勝算があるではなく、勝算がない（odds against）という。例えば、私の馬の勝てる機会が10%だと思うなら、9:1で勝算がないと言う。

確率とオッズは、同じ情報を異なる表現で示したものである。確率がわかっていれば、オッズは次のように計算できる。

```
def Odds(p):
    return p / (1-p)
```

勝算があるオッズが与えられたなら、数値として確率に次のように変換できる。

```
def Probability(o):
    return o / (o+1)
```

分数でオッズを表すなら、確率に次のように変換できる。

```
def Probability2(yes, no):
    return yes / (yes + no)
```

頭の中でオッズを考えるとき、競馬場にいる人を思い浮かべると考えやすい。その人達の20%が私の馬が勝つと考えて、80%が勝てないと考えているなら、勝つというオッズは、20:80すなわち1:4となる。

私の馬が勝てないというオッズが5:1なら、6人の内5人が負けるだろうと考えているので、勝つ確率が1/6ということである。

5.2 ベイズの定理をオッズの形式にする

1章で、ベイズの定理を確率形式で表した。

$$p(H|D) = \frac{p(H)\,p(D|H)}{p(D)}$$

2つの仮説AとBとがあるなら、次のように事後確率の比を書くことができる。

$$\frac{p(A|D)}{p(B|D)} = \frac{p(A)\,p(D|A)}{p(B)\,p(D|B)}$$

この方程式から、正規化定数$p(D)$が抜け落ちることに注意する。

もしAとBとでモレなく重複がないなら、$p(B) = 1 - p(A)$ということなので、事前確率の比、事後確率の比をオッズで書くことができる。

Aの（勝つ）オッズを$o(A)$と書くなら、次になる。

$$o(A|D) = o(A)\,\frac{p(D|A)}{p(D|B)}$$

言葉にするなら、事後オッズ（posterior odds）は、事前オッズ（prior odds）に尤度の比を掛けたものになる。これはベイズの定理のオッズ形式となる。

この形式は、ベイズ更新を紙の上や頭の中で計算するのに適している。例えば、クッキー問題に戻ると、

　　クッキーの入った2つのボウルがあるとしよう。ボウル1には、30枚のバニラクッキー、10枚のチョコレートクッキーがある。ボウル2には、それぞれ20枚ずつのクッ

キーがある。

どちらかのボウルをランダムに選び、目をつぶって、クッキーを1枚ランダムに選ぶ。そのクッキーがバニラだったときに、それがボウル1のだという確率はいくらだろうか。

事前確率は50%なので、事前オッズは1:1、すなわち1となる。尤度比は、$\frac{3}{4} \big/ \frac{1}{2}$ すなわち3/2となる。したがって、事後オッズは3:2、これは確率3/5に対応する。

5.3　オリバーの血液型

[MacKay 03]にもう1つ別の問題がある。

> 犯罪現場に2人の血痕が残されていた。容疑者オリバーは、採血の結果、血液型はO型だった。2人の血痕は、O型(その地域で多い血液型、頻度60%)とAB型(珍しい型、頻度1%)と判明した。このデータは、オリバーがそのうちの1人であるという命題を裏付ける証拠となるだろうか。

この問題に答えるには、データが仮説を支持する(あるいは反証する)証拠となるというのはどういうことかを考える必要がある。直観的にデータがあるという状況では、それがない場合に比べて、仮説がよりもっともらしいという場合に、データが仮説を支持すると言う。

クッキー問題では、事前オッズは、1:1、すなわち、確率50%だった。事後オッズは3:2、確率60%だった。そこで、バニラクッキーがボウル1を支持する証拠だと言えた。

ベイズ定理のオッズ形式は、この直感をより適切に表現する方法を与える。

再録すると、

$$o(A|D) = o(A) \frac{p(D|A)}{p(D|B)}$$

であり、$o(A)$で割ると、次になる。

$$\frac{o(A|D)}{o(A)} = \frac{p(D|A)}{p(D|B)}$$

左辺の項は、事前オッズと事後オッズとの比である。右辺の項は、尤度の比であり、**ベイズ因子**（Bayes factor）とも呼ばれる。

ベイズ因子の値が1より大きければ、データがBの下でよりは、Aの下でのほうが確からしいことを意味する。そして、オッズの比が1より大きいので、データの存在下で、それ以前よりも、オッズが大きいことを意味する。

ベイズ因子の値が1より小さければ、データがAの下でのほうが、Bの下でよりも確からしくないことを意味するので、Aに勝算があるというオッズが小さくなる。

最後に、ベイズ因子が正確に1であるなら、データは、どちらの仮説においても等しい位置にあり、オッズは変わらない。

さて、オリバーの血液型問題に戻ろう。オリバーが犯行現場に血痕を残した人物の1人とするなら、O型のサンプルは彼のものなので、このデータの確率は、ランダムに選んだ1人がAB型である確率に等しい。すなわち1%である。

オリバーが現場に血痕を残さなかったとすると、2つのサンプルとも誰のものか分からない。地域住民からランダムに2人選んだとして、1人がO型、もう1人がAB型という機会はどれぐらいだろうか。2通りの場合が考えられる。最初に選んだ人物がO型、第二がAB型、あるいは、その反対である。したがって、このデータが得られる確率は、$2(0.6)(0.01) = 1.2\%$となる。

データの尤度は、オリバーが現場に血痕を残した人物の1人ではないというほうがわずかに高いので、血液型のデータは、実はオリバーが犯人ではないという証拠となる。

この例は、ちょっと不自然に見えるかもしれないが、仮説に合致するようなデータが、必ずしも仮説を支持するものではないという、直感に反する結果の例となっている。

この例があまりに直感に反するので、困惑するのであれば、次のように考えるとよいかもしれない。データはありふれた事象、O型の血液と、稀な事象、AB型の血液からなる。オリバーがありふれた事象の例となると、稀な事象が説明されないまま残る。オリバーがO型の血液を残していないなら、2つの血痕が未説明で残り、住民の中で血痕を残した人物を発見する機会が2つになる。この2つが違いを生んでいるのだ。

5.4 加数

ベイズ統計の基本操作はUpdateである。これは事前確率分布とデータ集合とから、事後確率分布を生成する。実際の問題を解く際には、スケーリング、加算、最大、最小などの算術演算を含めて、他にも多くの操作が必要となる。

本章では、そのうちの加算と最大を扱う。他の操作については、必要になったところで扱う。

最初の例は、「Dungeons & Dragons」というロールプレイング・ゲームに基づくもので、これでは、プレイヤーの意思決定結果がサイコロを振って出た目で決定される。実際、ゲームの開始前にプレイヤーの人物の属性、すなわち、体力、知力、賢さ、器用さ、体格、カリスマは、3つの6面体のサイコロの目とその和で決まる。

そこで、この和の分布を知りたくなる。計算するには次のように2つの方法がある。

シミュレーション
　1つのサイコロの目を表すPmfが与えられ、ランダムなサンプルを生成し、それらを足し合わせ、これを繰り返してシミュレーションした和の分布を出す。

数え上げ
　2つのPmfが与えられ、あらゆる値の対を数え上げて、和の分布を計算する。

Thinkbayesでは、両方の関数を提供する。最初の方式の例を示す。まず、Pmfで1つのサイコロを表現するクラスを定義する。

```
class Die(thinkbayes.Pmf):

    def __init__(self, sides):
        thinkbayes.Pmf.__init__(self)
        for x in xrange(1, sides+1):
            self.Set(x, 1)
        self.Normalize()
```

これで6面のサイコロを作ることができる。

```
d6 = Die(6)
```

thinkbayes.SampleSumを使って、1,000回振ったサンプルを生成する。

```
dice = [d6] * 3
three = thinkbayes.SampleSum(dice, 1000)
```

SampleSumは、分布のリスト（PmfまたはCdfオブジェクト）とサンプルサイズのnを引数に取る。n個のランダムな和を生成して、その分布をPmfオブジェクトとして返す。

```
def SampleSum(dists, n):
    pmf = MakePmfFromList(RandomSum(dists) for i in xrange(n))
    return pmf
```

SampleSumは、thinkbayes.pyにあるRandomSumも使う。

```
def RandomSum(dists):
    total = sum(dist.Random() for dist in dists)
    return total
```

RandomSumは、各分布についてRandomを呼び出し、結果を足し合わせる。

シミュレーション方式の欠点は、結果が近似的にしか正しくないことである。nが大きくなるに連れて、精度は上がるが、実行時間も同様に長くなる。

もう1つの方式は、すべての値対を数え上げ、各対の確率と和とを計算する。これは次のPmf.__add__として実装できる。

```
# class Pmf

    def __add__(self, other):
        pmf = Pmf()
        for v1, p1 in self.Items():
            for v2, p2 in other.Items():
                pmf.Incr(v1+v2, p1*p2)
        return pmf
```

selfはもちろんPmfで、otherはPmfもしくはItemsを提供する他のものでよい。結果は新たなPmfとなる。__add__の実行時間は、selfとotherにある要素の個数に依存し、len(self) * len(other)に比例する。

使い方は次のようになる。

```
three_exact = d6 + d6 + d6
```

Pmfに+演算子を適用すると、Pythonは__add__を呼び出す。この例では__add__が二度呼び出される。

図5-1は、シミュレーションによって生成された近似値と数え上げによって計算された正確な値とを示す。

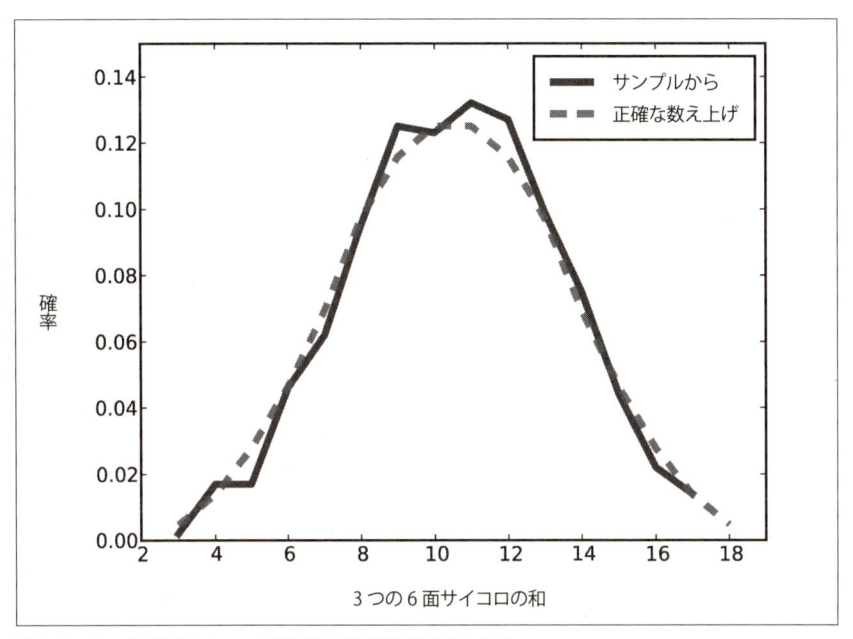

図5-1 3つの6面サイコロの目の和の近似及び正確な分布

`Pmf.__add__`は、各Pmfからのランダム選択が互いに独立であるという仮定に基づく。複数のサイコロを振るこの例では、この仮定は全く正しい。他の場合には、条件付き確率を使うためにこの手法を拡張する必要がある。

本節のコードは、http://thinkbayes.com/dungeons.pyからダウンロードできる。詳細については、まえがきの「コードについて」(ixページ)を参照のこと。

5.5 最大値

Dungeons & Dragonsの人物を生成するとき、その最良の属性が気になるので、最大値属性の分布を知りたいだろう[1]。

---

[1] 訳注：Dungeons & Dragonsでは、属性の良さは、値で決まるので、最良＝最大となる。

最大値の分布を計算するには次の3つの方法がある。

シミュレーション
  単一選択の分布を表すPmfが与えられ、ランダムなサンプルを生成して、最大値を探し、シミュレーションした最大値の分布を積み重ねる。

数え上げ
  2つのPmfが与えられ、あらゆる値の対を数え上げて、最大値の分布を計算する。

指数化
  PmfをCdfに変換すると、最大値のCdfを求める単純で効率的なアルゴリズムがある。

最大値のシミュレーションのコードは、和のシミュレーションのコードとほとんど同じである。

```
def RandomMax(dists):
    total = max(dist.Random() for dist in dists)
    return total

def SampleMax(dists, n):
    pmf = MakePmfFromList(RandomMax(dists) for i in xrange(n))
    return pmf
```

「sum」を「max」に変えただけである。数え上げのコードもほとんど同じである。

```
def PmfMax(pmf1, pmf2):
    res = thinkbayes.Pmf()
    for v1, p1 in pmf1.Items():
        for v2, p2 in pmf2.Items():
            res.Incr(max(v1, v2), p1*p2)
    return res
```

実際、適当な演算子をパラメータとして取るように、この関数を一般化できる。

このアルゴリズムには、もし各Pmfがm個の値を持つなら、実行時間がm^2に比例するという問題がある。もしk個の選択の最大値を求めるとすると、k, m^2に比例する時間がかかる。

PmfをCdfに変換するなら、同じ計算をずっと高速化できる。鍵は、累積的分布関数

の定義を覚えておくことである。

$$\text{CDF}(x) = \text{p}(X \leq x)$$

ここでXは、「分布からランダムに選んだ値」という意味の確率変数（random variable）である。したがって、CDF(5)は、分布から選んだ値が5以下である確率となる。

CDF_1からXを、CDF_2からYを選び、$Z = max(X, Y)$を計算したとすれば、Zが5以下となる機会はどの程度になるだろうか。この場合、XもYも5以下でなければならない。

XとYの選択が独立ならば、次となる。

$$\text{CDF}_3(5) = \text{CDF}_1(5)\,\text{CDF}_2(5)$$

ここでCDF_3は、Zの分布である。式を読みやすくするために値5を選んだが、一般的に値zについても次が成り立つ。

$$\text{CDF}_3(z) = \text{CDF}_1(z)\,\text{CDF}_2(z)$$

特別な場合として、同じ分布からk個の値を取り出したのなら、次のようになる。

$$\text{CDF}_k(z) = \text{CDF}_1(z)^k$$

したがって、k個の値の最大値の分布を求めるには、与えられたCdfの確率を数え上げてk乗すればよい。Cdfは、それを行う次のメソッドを用意している。

```
# class Cdf

    def Max(self, k):
        cdf = self.Copy()
        cdf.ps = [p**k for p in cdf.ps]
        return cdf
```

Maxは選択の回数kを引数に取り、k選択の最大値の分布を表す新しいCdfを返す。このメソッドの実行時間は、Cdfの要素数mに比例する。

Pmf.Maxは同じことをPmfについて行う。PmfをCdfに変換するだけでなく他のこともしなくてはいけないので、実行時間は$m \log m$に比例するが、二乗時間よりはマシである。

最後に、ゲームの人物の最良属性の分布を計算する例を示す。

```
best_attr_cdf = three_exact.Max(6)
best_attr_pmf = best_attr_cdf.MakePmf()
```

ここで、`three_exact`は、前節で定義した通りである。結果を出力すると、少なくとも1つの属性が18となる人物を生成する機会が3%となる。**図5-2**は分布を示す。

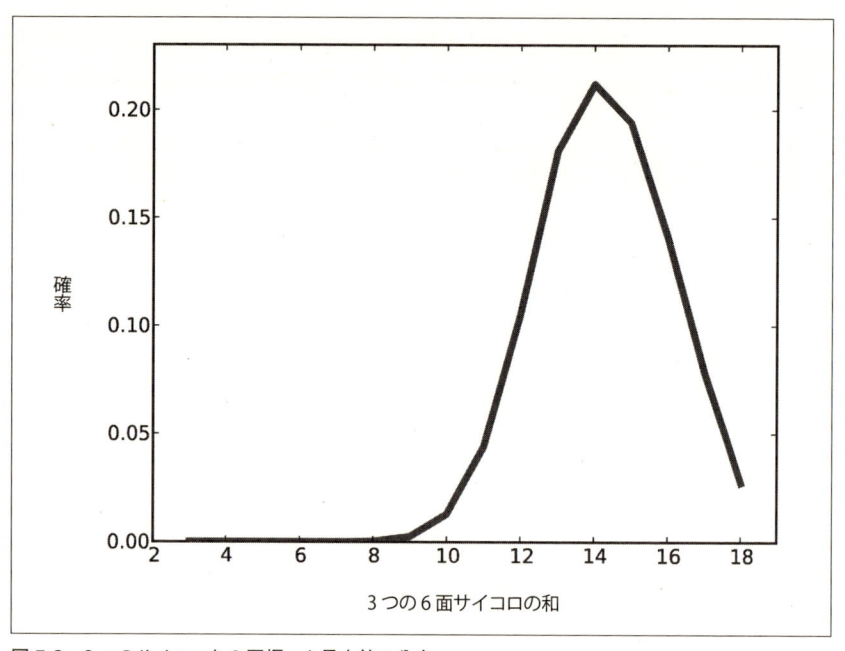

図5-2　3つのサイコロを6回振った最大値の分布

5.6　混合

Dungeons & Dragonsの例題をもう1つ試してみよう。次のようなサイコロの入った箱を持っていたと仮定しよう。

- 5　4面サイコロ
- 4　6面サイコロ
- 3　8面サイコロ
- 2　12面サイコロ
- 1　20面サイコロ

この箱から1つサイコロを取り出して振る。結果の分布はどのようになるだろうか。

5.6 混合

それがどの種類のサイコロかわかっていれば答えは簡単だ。n面サイコロは、1からnまでの両端を含んだ一様分布となる。

しかし、どのサイコロかわからない場合、結果の分布は異なった値域を持つ一様分布の**混合**（mixture）となる。一般に、この種の混合は単純な数学的モデルに適合しないが、PMF形式で分布を計算できる。

いつものようにオプションとして、シナリオをシミュレーションして、ランダムなサンプルを生成し、そのサンプルのPMFを計算することができる。この方式は単純で、近似解を迅速に生成できるが、正確な解を求めるのなら、別の方式が必要となる。

1つが6面、もう1つが8面という2つのサイコロしかないという単純な問題から始めよう。それぞれのサイコロを表すPmfを次のように書くことができる。

```
d6 = Die(6)
d8 = Die(8)
```

次に、この混合を表すPmfを次のように作る。

```
mix = thinkbayes.Pmf()
for die in [d6, d8]:
    for outcome, prob in die.Items():
        mix.Incr(outcome, prob)
mix.Normalize()
```

最初のループでは、サイコロを数え上げ、第2のループでは、結果とその確率を数え上げる。内側のループのPmf.Incrは、2つの分布の寄与を足し合わせている。

このコードは、2つのサイコロが等しく選ばれると仮定している。より一般的には、それぞれのサイコロの確率を知って、結果に対して重み付けをする必要がある。

最初に、個々のサイコロが選ばれる確率を示すPmfを作る。

```
pmf_dice = thinkbayes.Pmf()
pmf_dice.Set(Die(4), 2)
pmf_dice.Set(Die(6), 3)
pmf_dice.Set(Die(8), 2)
pmf_dice.Set(Die(12), 1)
pmf_dice.Set(Die(20), 1)
pmf_dice.Normalize()
```

次に、より一般的な混合アルゴリズムが必要となる。

```
mix = thinkbayes.Pmf()
for die, weight in pmf_dice.Items():
    for outcome, prob in die.Items():
        mix.Incr(outcome, weight*prob)
```

これで、サイコロに重みが付いた（重み付きサイコロだ）。結果を足し合わせて混合するとき、確率にweightが掛けられる。

図5-3に結果を示す。期待される通り、どのサイコロでも値が出ることから、1から4の値が一番あり得そうになる。12以上の値は、箱の中の1つのサイコロでしか出ないので、可能性は低い（そのサイコロでも半分以下の機会だ）。

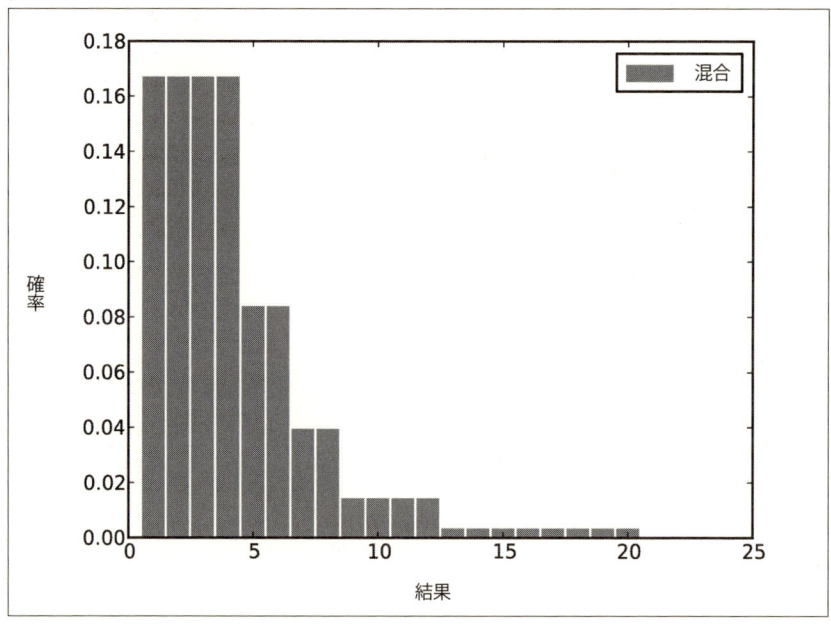

図 5-3　箱からランダムに選んだサイコロの結果の分布

thinkbayesには、このアルゴリズムをカプセル化したMakeMixtureという名の関数があるので、次のように書ける。

```
mix = thinkbayes.MakeMixture(pmf_dice)
```

MakeMixtureは7章と8章でも使う。

5.7 議論

ベイズの定理のオッズを除けば、本章の内容はベイズに限ったものではない。しかし、ベイズ分析は分布に関することなので、分布という概念をよく理解することが重要である。計算という観点では、分布とは値の集合（ランダムな仮定の結果）とその確率を表現するデータ構造にほかならない。

分布の2つの表現、PmfとCdfを紹介した。これらの表現は、同じ情報を含むという意味では等価なので、相互に変換することができる。両者の基本的な違いは性能上のもので、ある種の演算についてPmfの方が速いとか、他の演算についてはCdfの方が速いということにある。

本章のもう1つの目的は、Pmf.__add__、Cdf.Max、thinkbayes.MakeMixtureのような分布に対する演算を紹介することだった。これらの演算は後でも使うが、ここで紹介したのは、分布を、単に値と確率のコンテナとしてではなく、基本的な計算単位として考えてほしいためである。

6章
決定分析

6.1　値段当てゲーム*1 問題

　2007年11月1日、レティアとナサニエルという2人がアメリカのゲームショー番組、「ザ・プライス・イズ・ライト」に出場した。2人はショーケースというゲームで競った。これは、ショーケースにある賞品の金額を当てるものだった。実際の金額に一番近くて、その金額を超えない回答者が勝つのだ。

　ナサニエルが最初で、そのショーケースには、皿洗い機、ワイン・キャビネット、ノートPC、そして車があった。彼は、26,000ドルと回答した。

　レティアのショーケースには、ピンボール台、ビデオ・アーケード・ゲーム、ビリヤード台、それにバハマへのクルーズ旅行があった。彼女は、21,500ドルと回答した。

　ナサニエルのショーケースの実際の値段は25,347ドルで、回答額が上回っていたために、敗退した。

　レティアのショーケースの実際の値段は21,578ドルだった。わずか78ドル下回っただけであり、自分のショーケースを勝ち取っただけでなく、差が250ドルより小さかったので、ナサニエルのショーケースももらったのだった。

　ベイズ思考をする上で、このシナリオは、次のようないくつかの問いを示唆する。

1. 賞品を確認する前に、出場者はショーケースの値段についてどのような事前信念を持つべきだろうか。
2. 賞品を見た後で、出場者は、その信念をどのように更新すべきだろうか。

---

*1　訳注：原題は、The Price is Right。これはWikipediaによれば、1972年から米国CBSで放送されているクイズ番組。日本のTBSで1979年から1986年まで放映されていた「ザ・チャンス！」は、これを翻案したものだった。

3. 事後確率分布に基づいて、出場者はどう回答すべきだろうか。

3番目の問いは、ベイズ分析の広く用いられる使い方、決定分析を表している。事後確率分布が与えられれば、出場者の期待値を最大にする回答を選ぶことができる。

この問題は、Cameron Davidson-Pilonの本［Davidson-Pilon 13］の例からヒントを得た。本章掲載のコードは、http://thinkbayes.com/price.pyから入手できる。事前にダウンロード可能なデータファイル http://thinkbayes.com/showcases.2011.csvとhttp://thinkbayes.com/showcases.2012.csvを読み込む必要がある。詳細については、まえがきの「コードについて」(ixページ)を参照のこと。

6.2 事前確率

値段の事前確率分布を選ぶ際に、以前のゲームのデータを利用することができる。幸運なことに、ショーのファンが詳細な記録をとっている。Davidson-Pilonに本について問い合わせると、http://tpirsummaries.8m.comにあるSteve Geeの収集データを送っ

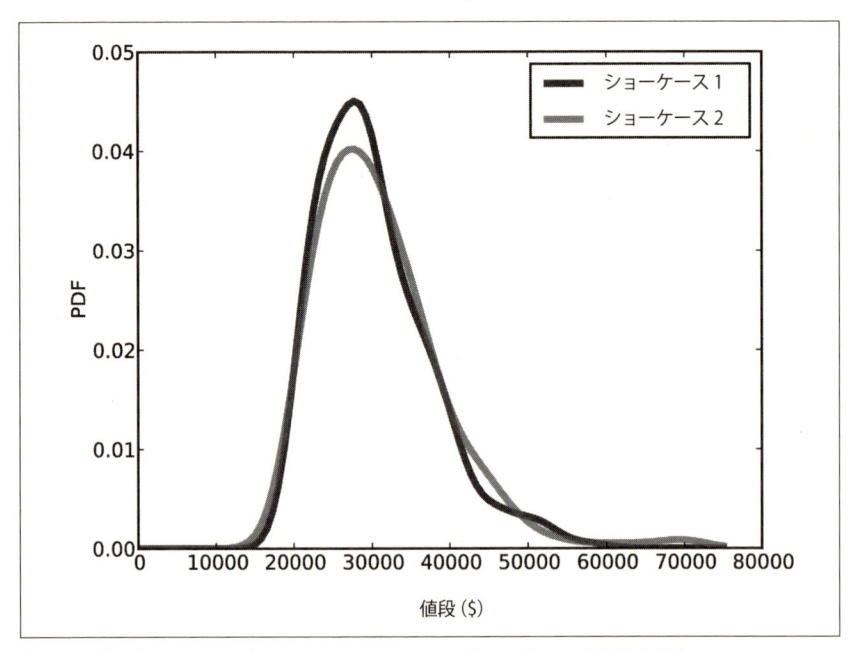

図6-1　ザ・プライス・イズ・ライトの2011-2012のショーケースの値段の分布

てくれた。それには、2011年と2012年のシーズンのショーケースの値段と、出場者の予想が含まれていた。

図6-1は、それらのショーケースでの値段の分布を示す。どちらのショーケースでも、一番多い値は、28,000ドルだったが、第1のショーケースでは、50,000ドル近くに2つ目のモードがあり、第2のショーケースでは、70,000ドル以上のものがたまにある。

この分布は実際のデータに基づいているが、ガウス・カーネル密度推定（KDE）によって円滑化されている。先へ進む前に、確率密度関数とKDEについて回り道をしたい。

6.3　確率密度関数

これまで確率質量関数PMFを用いてきた。PMFは、取り得る値のそれぞれについて確率を対応させる。実装では、Pmfオブジェクトは値を取って、**確率質量**（probability mass）とも呼ばれる確率を返すProbというメソッドを提供する。

このProbは、確率密度関数（probability density function、PDF）に相当するもので、数学的記法としては、PDFは通常、数学的な関数として書かれる。例えば、平均が0、偏差が1のガウス分布のPDFは次のようになる。

$$f(x) = \frac{1}{\sqrt{2\pi}} \exp(-x^2/2)$$

与えられた値xについて、この関数は確率密度を計算する。密度はより高密度なら、その値がより可能性が高いという意味で確率質量と同様である。

しかし、密度は確率ではない。密度は、0から任意の値を取り得る。確率のような0から1までという有界性を持たない。

密度を連続した範囲で積分したならば、結果は確率となる。しかし、本書のアプリケーションについては、ほとんどその必要がない。

その代わりに、確率密度を尤度関数の一部として基本的に使う。その例はすぐ後で紹介する。

6.4 PDFを表現する

PDFをPythonで表現するために、`thinkbayes.py`では、`Pdf`というクラスを用意している。`Pdf`は、**抽象型**（abstract type）であり、これは、`Pdf`が持つはずのインターフェイスを定義するが、完全な実装は提供しないことを意味する。`Pdf`インターフェイスには、`Density`と`MakePmf`という2つのメソッドを含む。

```
class Pdf(object):

    def Density(self, x):
        raise UnimplementedMethodException()

    def MakePmf(self, xs):
        pmf = Pmf()
        for x in xs:
            pmf.Set(x, self.Density(x))
        pmf.Normalize()
        return pmf
```

`Density`は値xを取り、対応する密度を返す。`MakePmf`はPDFへの離散近似を与える。`Pdf`は`MakePmf`の実装を提供するが、`Density`は子クラスによって提供されなければならない。

具象型（concrete type）は、抽象型を拡張する子クラスで、欠けているメソッドの実装を与える。例えば、`GaussianPdf`は次のように`Pdf`を拡張して`Density`を提供する。

```
class GaussianPdf(Pdf):

    def __init__(self, mu, sigma):
        self.mu = mu
        self.sigma = sigma

    def Density(self, x):
        return scipy.stats.norm.pdf(x, self.mu, self.sigma)
```

`__init__`は分布の平均と標準偏差を表す`mu`と`sigma`を取り、それを属性として貯える。

`Density`は`scipy.stats`の関数を用いて、ガウスPDFを評価する。関数は`norm.pdf`と呼ばれるが、これは、ガウス分布が「正規」分布とも呼ばれるからである。

ガウスPDFは、単純な数学関数として定義されるので評価しやすい。さらに、実社

会の多くの量が近似的にガウス分布となるので、有用なものである。

しかし、実際のデータでは、分布がガウス分布やその他の単純な数学関数になる保証はない。その場合には、サンプルを使って要素全体のPDFを評価することができる。

例えば、ザ・プライス・イズ・ライトのデータでは、最初のショーケースの値段は313通りだった。これらの値は、あらゆる可能なショーケースの値全体からのサンプルと考えることができる。

このサンプルを小さい方から順に並べたとき、次の並びを含む。

28800, 28868, 28941, 28957, 28958

サンプルでは、28801から28867の間の値がないが、これらの値を取れないと考える理由はない。背景情報に基づき、この範囲内のすべての値の確率が等しいと期待できる。言い換えると、PDFが十分滑らかだと期待できる。

カーネル密度推定 (KDE) は、サンプルを入力として、データに合致する近似的な円滑PDFを求めるアルゴリズムである。詳細は、http://en.wikipedia.org/wiki/Kernel_density_estimation[*1]から得られる。

scipyはKDEの実装を提供する。thinkbayesはそのKDEを使って、次のEstimatedPdfクラスを提供する。

```
class EstimatedPdf(Pdf):

    def __init__(self, sample):
        self.kde = scipy.stats.gaussian_kde(sample)

    def Density(self, x):
        return self.kde.evaluate(x)
```

__init__はサンプルを取って、カーネル密度推定を計算する。結果はevaluateメソッドを提供するgaussian_kdeオブジェクトとなる。

Densityは値を取り、gaussian_kde.evaluateを呼び出し、結果として密度を返す。最後に図6-1を生成するのに使ったコードの概要を示す。

```
prices = ReadData()
pdf = thinkbayes.EstimatedPdf(prices)
```

---

*1　訳注：日本語では、http://ja.wikipedia.org/wiki/カーネル密度推定

```
low, high = 0, 75000
n = 101
xs = numpy.linspace(low, high, n)
pmf = pdf.MakePmf(xs)
```

pdfはKDEで推定されるPdfオブジェクトであり、pmfは等間隔の値の列で密度推定したPdfを近似するPmfオブジェクトである。

linspaceは「linear space」(線形空間)の略で、lowとhighによる範囲と点の個数nを取り、lowとhighとの間に両端を含んで等間隔のn個の要素を持つ新しい配列numpyを返す。

さて、値段当てゲームに戻ろう。

6.5　出場者をモデル化する

図6-1のPDFは、可能な値段の分布を推定する。ショーの出場者なら、この分布を使って(賞品を目にする前の)ショーケースの値段についての事前信念を表すことができる。

これらの事前信念を更新するには、次の質問に答える必要がある。

1. どのデータを考慮して、どのように定量化するか。
2. 尤度関数を計算できるか。すなわち、仮定としてのそれぞれのpriceの値について、観測されたデータの条件付き尤度を求められるか。

上の質問に答えるため、既知の誤差特性を備えた値段当て機械として出場者をモデル化する。言い換えると、出場者が賞品を目にしたとき、理想的には、その賞品がショーケースの一部であることを考慮せずに、賞品の値段を推測して、それらを足し合わせるものとする。この和の値をguessと名付けることにする。

このモデルでは、答えなければならない質問は、「実際の値段がpriceだとして、出場者の推測がguessである尤度はどの程度か?」というものである。

あるいは、

```
error = price - guess
```

と定義すると、「出場者の推測の乖離度がerror以内になる確からしさはどのぐらい

か?」と質問できる。

この質問に答えるには、記録されたデータを再び用いることができる。図6-2は、ショーケースの実際の値段と出場者が推測して出した値(bid)との差、diffの累積分布を示す。

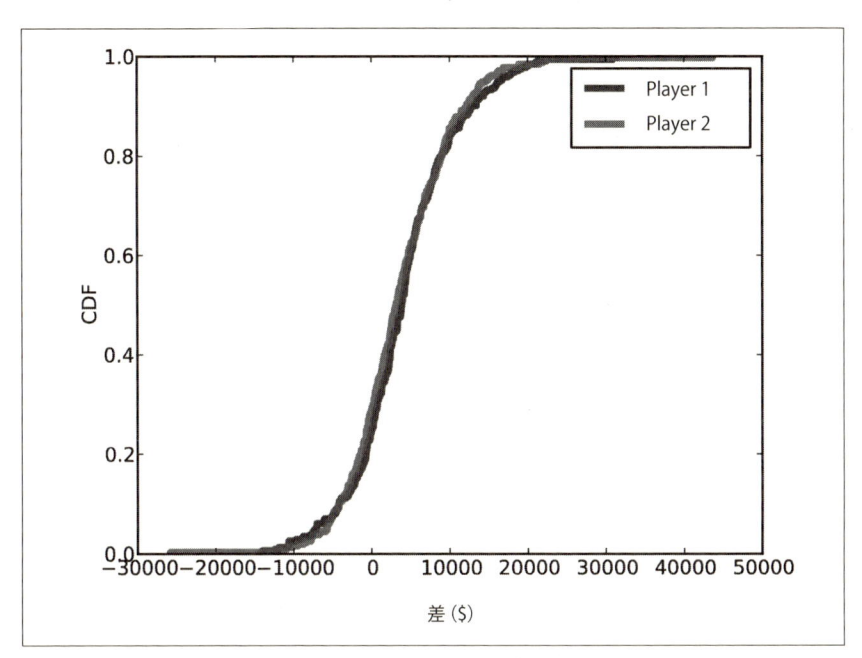

図 6-2 出場者の推測値と実際の値段との差異の累積分布 (CDF)

diffの定義は次のようになる。

    diff = price - bid

diffが負だと、推測値は高すぎたことになる。蛇足だが、この分布を使って、出場者が高すぎる値を出してしまう確率を計算できる。1番目の出場者の25%が高すぎており、2番目の出場者の29%が高すぎる値を出していた。

推測値にバイアスがあることもわかる。すなわち、高すぎるよりは、低すぎるほうが多いのだ。それは、ゲームの規則を考えると、納得がいく。

最後に、この分布を使って、出場者の推測の信頼性を評価することができる。このステップで我々が知っているのは、出場者が口に出した推定値であって、心の中で推

測した値そのものを知っているわけではないことから、少し複雑だ。

このモデルを実装するクラス Player は、次のようになる。

```
class Player(object):

    def __init__(self, prices, bids, diffs):
        self.pdf_price = thinkbayes.EstimatedPdf(prices)
        self.cdf_diff = thinkbayes.MakeCdfFromList(diffs)

        mu = 0
        sigma = numpy.std(diffs)
        self.pdf_error = thinkbayes.GaussianPdf(mu, sigma)
```

ここで prices は、ショーケースの値段の並び、bids は推定値の並び、diffs は差異 diff の並びである。念のために、diff = price - bid である。

pdf_price は KDE で推測した値段の PDF を円滑化したものである。cdf_diff は diff の累積分布で、図6-2 で見たものである。pdf_error は誤差分布を特徴付ける PDF であり、error = price - guess である。

diff の分散を使って、error の分散を推定する。この推定は、出場者が出す推測値が戦略的なことがあるので、完全ではない。例えば、Player2 は Player1 が実際の値段を上回ったと思ったなら、非常に低い値段を出すかもしれない。その場合、diff は error を反映していない。このようなことが頻発するなら、観察された diff の分散は、error の分散を過大評価したことになる。それでも、これを妥当なモデル化の決定だと考えている。

代わりの方法として、以前のショーを見て、そこでの自身の推測値と実際の値段を記録することにより、ショーの出場を準備している人は自分の error の分散を評価できる。

6.6 尤度

やっと尤度関数を書く準備ができた。いつものように、thinkbayes.Suite を拡張して新しいクラスを定義する。

```
class Price(thinkbayes.Suite):

    def __init__(self, pmf, player):
        thinkbayes.Suite.__init__(self, pmf)
        self.player = player
```

pmfは事前確率、playerは前節で述べた出場者を表す。Likelihoodは次のようになる。

```
def Likelihood(self, data, hypo):
    price = hypo
    guess = data

    error = price - guess
    like = self.player.ErrorDensity(error)

    return like
```

hypoはショーケースの仮説としての値段である。dataは出場者の値段に対する最善の予測である。errorとlikeとは、与えられた仮説の下でdataの誤差と尤度を与える。PlayerではErrorDensityが次のように定義される。

class Player:

```
def ErrorDensity(self, error):
    return self.pdf_error.Density(error)
```

ErrorDensityは、与えられたerrorの値でpdf_errorを評価する。結果は確率密度であり、確率そのものではない。しかし、Likelihoodが確率を計算する必要がないことは覚えておいたほうがよい。確率に対して比例する（proportional）何かを計算しなければならないだけなのだ。すべての尤度について比例定数が同じである限り、事後確率を正規化する際に、相殺されてしまう。

したがって、確率密度は、完全によい尤度なのである。

6.7 更新

Playerは、出場者の推測値を取って、事後確率を計算するメソッドを提供する。

class Player

```
def MakeBeliefs(self, guess):
    pmf = self.PmfPrice()
    self.prior = Price(pmf, self)
    self.posterior = self.prior.Copy()
    self.posterior.Update(guess)
```

PmfPriceは、値段のPDFの離散近似を生成するが、これを事前確率の構築に使うことができる。

PmfPriceは、MakePmfを使っていて、これは値の並びに対してpdf_priceを評価するものである。

```
# class Player

    n = 101
    price_xs = numpy.linspace(0, 75000, n)

    def PmfPrice(self):
        return self.pdf_price.MakePmf(self.price_xs)
```

事後確率を構成するには、事前確率のコピーを作り、Updateを呼び出す。Updateは各仮説に対してLikelihoodを呼び出し、事前確率を掛けて再度正規化する。

元のシナリオに戻ろう。自分がPlayer 1だとして、ショーケースを見て、最善の推量として、賞品の値段の総額が20,000ドルと考えたとしよう。

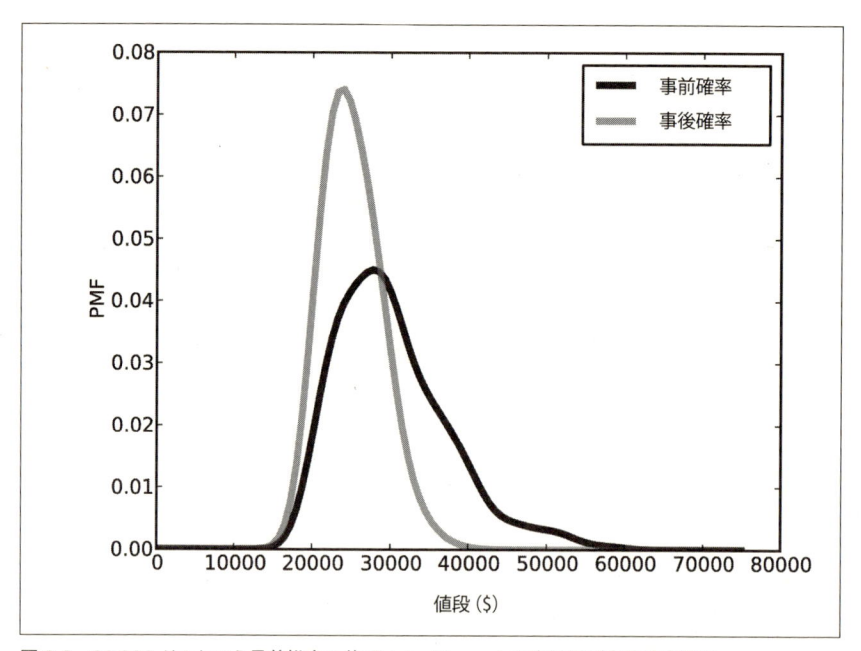

図6-3 20,000ドルという最善推定に基づいた、Player 1の事前及び事後確率分布

図6-3は、実際の値段に対する事前及び事後の信念を表す。事後信念は、推量が事前信念の範囲の低い方の端だったので、左側にずれている。

あるレベルでは、この結果は納得できる。事前信念の最頻値は27,750ドル、最善推定は20,000ドル、事後信念の平均値は約25,096ドルとなる。

別のレベルでは、この結果を異様だと思うだろう。値段を20,000ドルだと考えたなら値段を24,000ドルだと信じるべきだ、と言っていることになるからだ。

この見かけ上のパラドックスを解くには、過去のショーケースについての歴史上のデータと、対象の賞品についての推測という2種類の情報源を組み合わせていることを覚えておかねばならない。

過去のデータを事前確率として扱い、自分の推測に基づいて更新しているのだが、推測を事前確率として、過去のデータに基づいて更新することも同様に可能なのである。

そのように考えるならば、事後確率で最もあり得る値が、元の推定ではないことも、それほど驚くべきことではないかもしれない。

6.8 最善な推定

事後確率分布があるので、これを使って最適な推測、すなわち、期待値を最大化できる推測値を計算できる（http://en.wikipedia.org/wiki/Expected_return 参照）。

本節ではトップダウンで、手法を提示する。つまり、どのように使われるかをまず示してから、どのようになっているかを示す。知らない手法だからと言って心配しないでほしい。定義もすぐ後で示す。

最善価格予想（ビッド）を計算するために、GainCalculator というクラスを書いた。

```
class GainCalculator(object):

    def __init__(self, player, opponent):
        self.player = player
        self.opponent = opponent
```

player と opponent は、Player というクラスである。

GainCalculator は、ExpectedGains を提供して、一連のビッドを計算しては、各ビッドについて期待される利益を与える。

```python
def ExpectedGains(self, low=0, high=75000, n=101):
    bids = numpy.linspace(low, high, n)

    gains = [self.ExpectedGain(bid) for bid in bids]

    return bids, gains
```

lowとhighは可能なビッドを指定し、nはビッドを行う回数を示す。

ExpectedGainsは、与えられたビッドの期待益を計算するExpectedGainを呼び出す。

```python
def ExpectedGain(self, bid):
    suite = self.player.posterior
    total = 0
    for price, prob in sorted(suite.Items()):
        gain = self.Gain(bid, price)
        total += prob * gain
    return total
```

ExpectedGainは事後確率の値をループして、各ビッドに対して、ショーケースの実際の値が与えられたときの利益を計算する。それぞれの利益に対応する確率で重み付けして、総和を返す。

ExpectedGainはGainを呼び出すが、これはビッドと実際の値段とから、期待益を返す。

```python
def Gain(self, bid, price):
    if bid > price:
        return 0

    diff = price - bid
    prob = self.ProbWin(diff)

    if diff <= 250:
        return 2 * price * prob
    else:
        return price * prob
```

実際の値段より高くビッドすると、何も得られない。そうでなければ、ビッドと値段との差を計算して、勝つ確率を決める。

diffが250ドルより少なければ、両方のショーケースを獲得できる。単純化のために、両方のショーケースの値段を同じにした。このような結果はまれなので、大した違いにはならない。

最後に、diffに基づいて勝つ確率を計算する。

```
def ProbWin(self, diff):
    prob = (self.opponent.ProbOverbid() +
            self.opponent.ProbWorseThan(diff))
    return prob
```

相手方が、値段より高く推測したら、自分の勝ちだ。そうでない場合、相手の推測がdiffよりも大きくずれていることを期待したい。Playerは、両方の確率を計算するメソッドを提供する。

```
# class Player:

    def ProbOverbid(self):
        return self.cdf_diff.Prob(-1)

    def ProbWorseThan(self, diff):
        return 1 - self.cdf_diff.Prob(diff)
```

このコードは、「値段より高く推測する確率はどれぐらいか」と、「diffよりも大きくずれた推測をする確率はどれぐらいか」を計算する、相手方の観点で計算しているために、わかりにくいかもしれない。

両方の答えは、diffのCDFに基づいている。相手方のdiffが−1以下なら、こちらの勝ちとなる。相手のdiffが、こちらのdiffより悪くても、こちらの勝ちだ。そうでない場合には、こちらの負けとなる。

最後に、最善ビッドのコードを示す。

```
# class Player:

    def OptimalBid(self, guess, opponent):
        self.MakeBeliefs(guess)
        calc = GainCalculator(self, opponent)
        bids, gains = calc.ExpectedGains()
        gain, bid = max(zip(gains, bids))
        return bid, gain
```

推測値と相手を与えられ、OptimalBidは事後確率分布を計算し、GainCalculatorをインスタンス化し、ビッドの範囲で期待益を計算して、最善ビッドと期待益を返す。やっとおしまいだ。

図6-4は、Player 1の最善推測値が20,000ドルで、Player 2の最善推測値が40,000ド

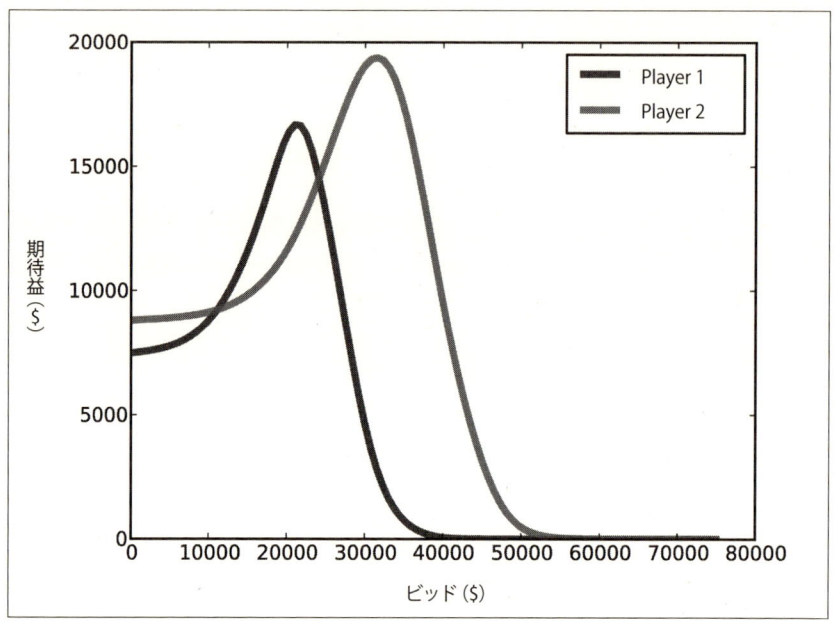

図 6-4　Player 1 の最善推測値が 20,000 ドルで、Player 2 の最善推測値が 40,000 ドルというシナリオでの期待益とビッド

ルというシナリオに基づいて、両方の結果を示している。

　Player 1 の最善ビッドは、21,000 ドルで期待益は約 16,700 ドル。これは（非常にまれなことだが）最善ビッドが、出場者の最善推測値より実際には大きいという場合になる。

　Player 2 にとって、最善ビッドは、31,500 ドルで、期待益はほぼ 19,400 ドルになる。これはより一般的な、最善ビッドが最善推測値より小さい場合となる。

6.9　議論

　ベイズ推測には、結果が事後確率分布の形になるという特徴がある。古典推定は通常一点での推定もしくは信頼区間を与えるが、これは、推定が全過程の最終ステップなら十分だが、推定を入力として用い、引き続き分析を進めたい場合には、点推定も信頼区間もあまり役に立たないことが多い。

　本章の例では、事後確率分布を使って最善ビッドを計算した。与えられたビッドの期待値は、非対称かつ離散的（ビッドが大きすぎると負け）なので、この問題を解析的

に解くのは難しい。しかし、計算機を使うのは比較的単純なやり方で済む。

　ベイズ的な思考法に慣れていないと、ともすれば、事後確率分布を平均値や最尤推定に計算してまとめてしまいたいという誘惑に駆られる。この種の要約も役に立つことがあるが、もし、必要なことのすべてがそれで済むなら、そもそもベイズ手法など必要ないのではないだろうか。

　ベイズ手法が最も有用となるのは、事後確率分布を使って、本章のようにある種の決定分析を行うか、あるいは、次章で紹介するようにある種の予測をするための分析ステップに進むために使う場合なのである。

7章
予測

7.1 ボストン・ブルーインズ問題

　2010-11年の北米プロアイスホッケーリーグ（National Hockey League, NHL）最終戦において、我が愛するボストン・ブルーインズ（Boston Bruins）は、にっくきバンクーバー・カナックス（Vancouver Canucks）と7回戦のチャンピオンシリーズを戦った。ボストンは、最初の2戦を0-1、2-3で落とし、次の2戦を8-1、4-0で勝った。この時点で、ボストンが次の試合に勝つ確率はどれぐらいだろうか。そして、優勝する確率はどのぐらいだろうか。

　いつものことだが、このような質問に答えるには、いくつかの仮定が必要となる。まず、ホッケーにおける得点数は少なくともポワソン過程で近似できる。すなわち、ゲームにおいて点が入るのはいつも同じ確率であると信じるのが妥当である。第2に、特定の対戦相手に対して、各チームは、λで示される長期に渡る平均得点数があると仮定できる。

　このような仮定の下で、上の質問に答える戦略は次のようになる。

1. これまでの試合の統計データを使って、λに対する事前確率分布を選ぶ。
2. 最初の4試合の得点を用いて、各チームのλを推定する。
3. λの事後確率分布を使って、各チームの得点の分布を求め、さらに、得点差の分布と次の試合に各チームが勝つ確率を計算する。
4. 各チームがチャンピオンシリーズに勝つ確率を計算する。

　事前確率分布を選ぶために、http://www.nhl.com から統計データ、特に2010-11シーズンの各チームの試合ごとの平均ゴール数を入手した。分布は平均が2.8、標準偏差が0.3のほぼ正規分布（Gaussian）になった。

ガウス分布は連続的なものだが、これを離散Pmfで近似する。このために thinkbayesでは、MakeGaussianPmfを用意している。

```
def MakeGaussianPmf(mu, sigma, num_sigmas, n=101):
    pmf = Pmf()
    low = mu - num_sigmas*sigma
    high = mu + num_sigmas*sigma

    for x in numpy.linspace(low, high, n):
        p = scipy.stats.norm.pdf(mu, sigma, x)
        pmf.Set(x, p)
    pmf.Normalize()
    return pmf
```

muとsigmaはガウス分布の平均と標準偏差である。num_sigmasは平均より上または下に、Pmfが扱う範囲が標準偏差のいくつ分かを示す。nはPmfにおける値の個数である。

numpy.linspacを使って、lowからhighまで両端を含めてn個の等間隔な値の配列を作る。

norm.pdfは、ガウス確率密度関数(PDF)評価を行う。

ホッケー問題に戻ると、λの値についての一連の仮説の定義は次のようになる。

```
class Hockey(thinkbayes.Suite):

    def __init__(self):
        pmf = thinkbayes.MakeGaussianPmf(2.7, 0.3, 4)
        thinkbayes.Suite.__init__(self, pmf)
```

したがって、事前確率分布は平均が2.7、標準偏差が0.3のガウス分布であり、平均から上下4シグマに渡る。

いつものように、各仮説をどのように表現するかを決定しなければならないが、この場合、浮動小数点数値xについて$λ = x$で仮説を表す。

7.2　ポワソン過程

数理統計学において、**過程**(process)とは物理システムの統計モデルである(「統計」とは、モデルが本質的にランダム性を持つことを意味する)。例えば、ベルヌーイ過程は、試行と呼ばれる一連の事象の並びを指す。そこで、各試行は成功と失敗のような2

つのうちの1つの結果を取る。したがって、ベルヌーイ過程は、一連の硬貨投げや、一連の目標射撃の自然なモデルとなる。

ポワソン過程はベルヌーイ過程の連続版であり、事象はどの時刻においても等確率で起こり得る。ポワソン過程は、来店する客、バス停に到着するバス、ホッケーの試合におけるゴールによる得点などをモデル化するのに使われる[*1]。

実際の多くのシステムにおいては、事象の確率が時間とともに変化する。顧客はお店にある時間帯に行く、バスは決まった時間間隔ごとに到着する予定になっている、ゴールは試合の中で時刻によって入りやすかったり、入りにくかったりするなど。

しかし、モデルというものは総じて単純化に基づくものであり、この場合に、ホッケーの試合をポワソン過程でモデル化するのは理にかなっている。[Heuer 10] は、ドイツのサッカーの試合について分析して同じ結論に達している。http://www.cimat.mx/Eventos/vpec10/img/poisson.pdf 参照。

このモデルには、ゴール間の時間の分布だけでなく、試合ごとのゴールの分布が効率的に計算できるという利点がある。具体的には、一試合の平均ゴール数をlamとすると、一試合のゴール数の分布は次のポワソンPMFで求められる。

```
def EvalPoissonPmf(lam, k):
    return (lam)**k * math.exp(-lam) / math.factorial(k)
```

そして、ゴール間の時間の分布は、指数PDFで与えられる。

```
def EvalExponentialPdf(lam, x):
    return lam * math.exp(-lam * x)
```

変数lamを用いたのは、すでにPythonでlambdaをキーワードとして予約済みのためだ。両方の関数ともthinkbayes.pyにある。

7.3 事後確率

これでlamという仮説を有するチームが試合でk得点する尤度を計算することができる。

[*1] 訳注：こういう事象を表すのに待ち行列モデルもよく使われる。

```
# class Hockey

    def Likelihood(self, data, hypo):
        lam = hypo
        k = data
        like = thinkbayes.EvalPoissonPmf(lam, k)
        return like
```

仮説の取り得る値はλで、dataが観察されたゴール数kである。

尤度関数を前提にして、各チームに対するスイートを作り、最初の4試合の得点で更新できる。

```
suite1 = Hockey('bruins')
suite1.UpdateSet([0, 2, 8, 4])

suite2 = Hockey('canucks')
suite2.UpdateSet([1, 3, 1, 0])
```

図7-1は、lamに対する結果として得られる事後確率分布を示す。最初の4試合の結果、lamの最も確からしい値は、カナックスが2.6、ブルーインズが2.9となる。

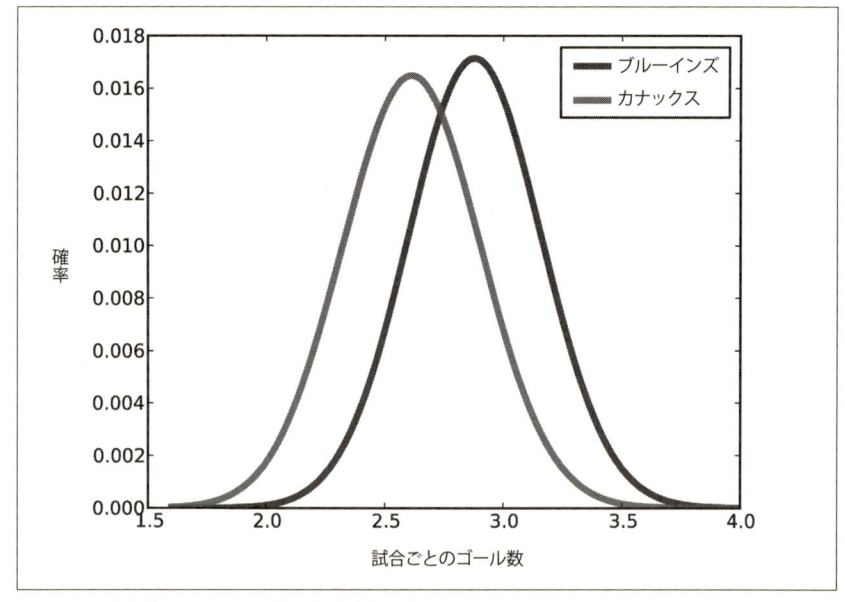

図7-1 一試合当たりのゴール数の事後確率分布

7.4 ゴールの分布

各チームが次の試合に勝つ確率を計算するには、各チームについてゴールの分布を計算する必要がある。

lamの値が正確にわかっているなら、ポワソン分布を再度使うことができる。thinkbayesには、ポワソン分布の打ち切り近似を計算するメソッドが用意されている。

```
def MakePoissonPmf(lam, high):
    pmf = Pmf()
    for k in xrange(0, high+1):
        p = EvalPoissonPmf(lam, k)
        pmf.Set(k, p)
    pmf.Normalize()
    return pmf
```

計算されたPmfの値の範囲は、0からhighまでである。したがって、lamの値が正確に3.4だとすれば、次のように計算できる。

```
lam = 3.4
goal_dist = thinkbayes.MakePoissonPmf(lam, 10)
```

ここで、上限に10を選んだ。その理由は、試合で10以上ゴールを決める確率は極めて低いからだ。

ここまでは単純そのものだ。しかし、lamの値を正確には把握できないという問題がある。その代わりに、lamの取り得る値の分布がある。

lamの取り得る値それぞれについて、ゴールの分布はポワソン分布になる。したがって、ゴールの分布全体は、lamの分布の確率に従った重み付けによるポワソン分布の混合になる。

lamの事後確率分布があれば、ゴールの分布を作るコードは次のようになる。

```
def MakeGoalPmf(suite):
    metapmf = thinkbayes.Pmf()

    for lam, prob in suite.Items():
        pmf = thinkbayes.MakePoissonPmf(lam, 10)
        metapmf.Set(pmf, prob)

    mix = thinkbayes.MakeMixture(metapmf)
    return mix
```

lamの各値について、ポワソンPmfを作り、足し合わせてメタPmfを作る。ここでメタPmfと呼んだのは、値としてPmfを含むPmfだからである。

そこで、MakeMixtureを使って混合を計算する（「**5.6　混合**」という節のMakeMixture参照）。

図7-2には、ブルーインズとカナックスのゴールの分布の結果を示す。次の試合で、ブルーインズは、3ゴール以下の可能性は低くて、4ゴール以上の可能性が高い。

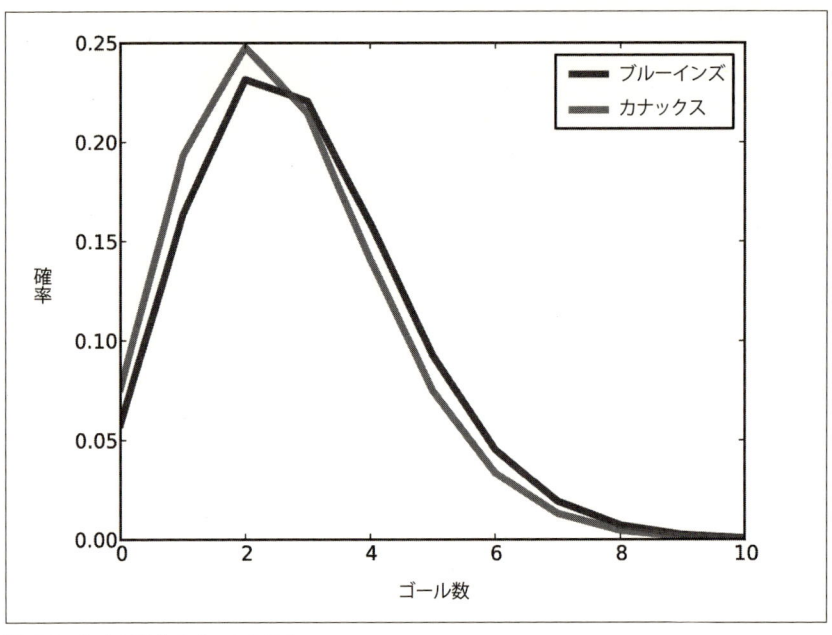

図7-2　ある1試合のゴールの分布

7.5　勝つ確率

勝つ確率を求めるために、まず、ゴール差の分布を計算する。

```
goal_dist1 = MakeGoalPmf(suite1)
goal_dist2 = MakeGoalPmf(suite2)
diff = goal_dist1 - goal_dist2
```

減算演算子はPmf.__sub__を呼び出す。これは値の対を数え上げて、その差を計算

する。2つの分布の差を取ることは、「5.4 加数」で登場した加算とほぼ同じようなことである。

ゴール差が正であればブルーインズが勝つ。負であればカナックスが勝つ。0なら引き分けだ。

```
p_win = diff.ProbGreater(0)
p_loss = diff.ProbLess(0)
p_tie = diff.Prob(0)
```

前節の分布からは、p_winが46%、p_lossが37%、p_tieが17%である。

「制限プレイ」終了時点で同点の場合は、どちらかのチームが得点を挙げるまで延長ピリオドを戦う。試合は最初のゴールで得点されると同時に終了するので、この延長時間の試合方式は、「サドンデス (sudden death)」と言われる。

7.6 サドンデス

延長時間のサドンデスで勝つ確率を計算する。重要なのは、一試合ごとのゴール数ではなく、最初のゴールまでの時間になる。ゴール得点がポワソン過程だという仮定が意味するのは、ゴールからゴールまでの時間が指数的に分布するということである。

与えられたlamに対して、ゴール間の時間を次のように計算できる。

```
lam = 3.4
time_dist = thinkbayes.MakeExponentialPmf(lam, high=2, n=101)
```

highは分布の上限である。この場合、得点がないままで2ピリオドより長くかかる確率は低いので、2を選んだ。nはPmfでの値の個数である。

lamを正確に知っていればよいのだが、実際には知らない。その代わりに、可能値の事後確率分布を知っている。そこで、ゴールの分布について行ったのと同様に、メタPmfを作り、Pmfの混合を計算する。

```
def MakeGoalTimePmf(suite):
    metapmf = thinkbayes.Pmf()

    for lam, prob in suite.Items():
        pmf = thinkbayes.MakeExponentialPmf(lam, high=2, n=2001)
        metapmf.Set(pmf, prob)
```

```
mix = thinkbayes.MakeMixture(metapmf)
return mix
```

図7-3は結果の分布を示す。1ピリオド（一試合の3分の1）を下回る時間について、ブルーインズは得点を挙げる可能性が高い。カナックスが得点するまでの時間は、より長くなる確率が大きい。

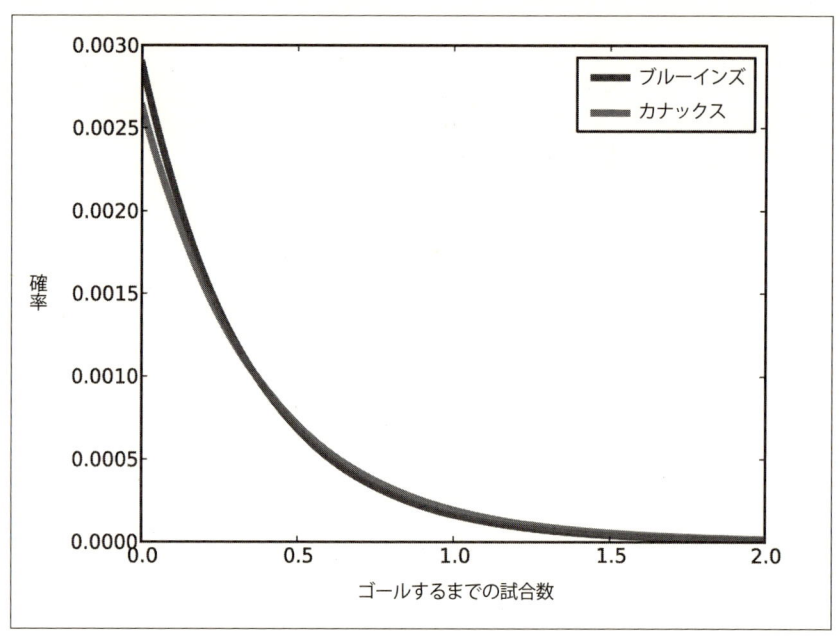

図 7-3　ゴールの間の時間の分布

引き分けの回数を最小化するため、値の個数nをかなり多くした。両方のチームが同時に得点することは不可能だからだ。

ブルーインズが最初に得点する確率を計算する。

```
time_dist1 = MakeGoalTimePmf(suite1)
time_dist2 = MakeGoalTimePmf(suite2)
p_overtime = thinkbayes.PmfProbLess(time_dist1, time_dist2)
```

ブルーインズが、延長時間に勝つ確率は52%だ。

最後に、勝利の全体的確率は、制限試合内で勝つ機会と延長時間に勝つ確率とを足

し合わせたものとなる。

```
p_tie = diff.Prob(0)
p_overtime = thinkbayes.PmfProbLess(time_dist1, time_dist2)

p_win = diff.ProbGreater(0) + p_tie * p_overtime
```

ブルーインズが、次の試合に勝つすべての機会は55%となる。

シリーズで勝つためには、ブルーインズは次の2試合で勝つか、次の2試合で1勝1敗して第3試合で勝てばよい。再度、全体確率を次のように計算できる。

```
# win the next two
p_series = p_win**2

# split the next two, win the third
p_series += 2 * p_win * (1-p_win) * p_win
```

ブルーインズがシリーズで勝つ確率は57%。そして2011年には、その通り勝ったのだ。

7.7 議論

いつものように、本章の分析は、モデル化の決定に基づいており、そのモデル化はほとんど常に反復プロセスとなる。一般に、単純でありながら近似的な解を生み出すモデルから始めて、誤差の原因になりそうなモデルを探し出し、改善の機会を求めていく。

今回の例では、以下のような選択肢を私は考えた。

- 各チームの一試合当たりの平均ゴール数に基づいた事前確率を選んだ。この統計は、すべての対戦相手に対する平均だった。したがって、特定の対戦相手については、変動がより大きくなる可能性がある。例えば、攻撃が最強のチームにおいて防御が最低のチームと試合すれば、試合ごとの期待ゴール数は、標準偏差の数倍あっても不思議ではない。
- データに関しては、チャンピオンシリーズの最初の4試合分しか使わなかった。通常のシーズンで同じチームが対戦した場合にも、この試合結果を使おうと思えば使える。1つ面倒なのは、チームの構成メンバーが、シーズン途中でのトレードや負傷欠場などによって変化することである。したがって、直近の試合結果に

より多く重みを与えるのが最良だろう。

- すべての利用可能な情報を使うとすれば、通常のシーズンの全試合結果を使って、各チームのゴール得点率を評価することができて、対戦相手との組み合わせごとに、追加要素を評価して調整することも可能だろう。このやり方は、ずっと複雑にはなるが、それでも妥当な方式である。

最初の選択に関して言えば、通常シーズンの結果を用いて、すべての対戦相手の組み合わせについて、変動幅を評価することができる。Dirk Hoagの http://forechecker.blogspot.com/ のおかげで、通常シーズンの各試合における（延長時間を含まない）制限試合中のゴール得点数を得ることができた。

異なる地区（NHLではカンファレンスという）のチームは、通常シーズン中は1、2回しか対戦しないので、4〜6回対戦する組み合わせを主として取り上げた。それぞれの組み合わせについて、試合ごとの平均ゴール数を計算し、これを λ の評価値として、この評価の分布をグラフにした。

この評価の平均は2.8で、標準偏差は0.95であり、各チームについて計算して得られた評価値よりもかなり高くなった。

より変動幅の大きい事前確率で分析をすれば、ブルーインズがシリーズで優勝する確率は80%となり、変動幅の低い事前確率による結果57%よりもかなり高いものとなる。

したがって、結果が事前確率に依存することがわかったが、これは作業できるデータがいかに少ないかを考慮すれば妥当なものである。変動幅の低いモデルと高いモデルとの差異を考えると、事前確率をより正しいものとすることには、価値があるように思える。

本章のコードとデータは、http://thinkbayes.com/hockey.py と http://thinkbayes.com/hockey_data.csv からダウンロードできる。詳細については、まえがきの「コードについて」（ixページ）を参照のこと。

7.8 練習問題

問題 7-1

バスがバス停に20分ごとに到着し、乗客がバス停にランダムに来るとしたら、バスが到着するまで乗客が待つ時間は、0から20分の間に一様に分布する。

しかし、実際は、バスの間隔に変動がある。乗客がバスを待っていると仮定し、さらに、バスの過去の時間間隔も知っているとして、待ち時間の分布を計算せよ。

ヒント：バスの間隔が5分か10分かのどちらかに等しい確率になっていると仮定しよう。あなたが、10分間隔のどれかにバス停に着く確率はどれぐらいか。

この問題の一種を次章で解く。

問題 7-2

乗客がバス停に着くのが、パラメータλのポワソン過程でうまくモデル化できると仮定する。あなたがバス停に着くと3人待っていたとしたら、直前のバスが到着してからの時間の事後確率分布はどうなるか。

この問題の一種を次章で解く。

問題 7-3

あなたが、新しい環境での昆虫の分布のサンプルを採集している生態学者だと仮定しよう。調査領域に100個の罠を仕掛け、次の日にそれらを調べる。37の罠に作動した痕跡があり、かかったのは一匹だった。罠は作動すると、設定し直すまで昆虫を捕まえることができない。

2日間で罠を仕掛け直したとすると、いくつの罠が作動するものと期待するか。罠の個数の事後確率分布を計算せよ。

問題 7-4

あなたが共用部分に100個の電球があるアパートの管理人だと仮定しよう。電球が切れたら交換するのがあなたの役目だ。

1月1日には、すべての電球が点いていた。2月1日に点検したところ、3つ電球が切れていた。4月1日に戻ったとき、いくつの電球が切れていると想定するか。

これまでの練習問題では、事象がどの時間でも等しく起こりえると仮定するのが妥当だった。電球の場合、切れる機会は、電球の寿命に依存する。具体的には、古い電球は、フィラメントの蒸発が原因で故障率が高くなる。

この問題は、他の問題よりも発展性がある。すなわち、モデル化の決定を行わなければならない。ワイブル（Weibull）分布（http://en.wikipedia.org/wiki/Weibull_

distribution[*1]）について読むとよい。あるいは、電球の生存曲線についての情報を調べるとよい[*2]。

[*1] 訳注：日本語は、http://ja.wikipedia.org/wiki/ワイブル分布

[*2] 訳注：電球の生存曲線は、インターネットで探せば見つかる。生存分析、生存解析という呼び名でパッケージもある。

8章
観察者バイアス

8.1 レッドライン問題

　レッドラインとは、米国マサチューセッツ州のケンブリッジとボストンとを結ぶ地下鉄である。私がケンブリッジで働いていた頃には、レッドラインに乗って、ケンドール・スクエアから南駅に行き、そこから市電でニーダムに通っていた。ラッシュアワー時、レッドラインは、平均して7～8分間隔で運行されていた。

　駅に着くと、プラットフォームにいる電車待ちの乗客の数に基づいて、次の電車が来るまでの時間を予想していた。乗客が少人数であれば、ちょうど電車が出たところで、後7分ほど待てばよいと推論できた。乗客がそれより多い場合には、電車はもっと早く着くだろうと期待した。しかし、非常に多くの乗客がいる場合には、電車が時刻表通りに運行していない心配があったので、地上出口に出てタクシーを捕まえた。

　電車を待っている間に、ベイズ推定が待ち時間の予測といつ諦めてタクシーに乗るのがよいかを決定するのに役立つのではないかと考えた。本章は、このようにして私が到達した分析を示す。

　本章は、オーリン大学で私の授業を受けたBrenden RitterとKai Austinのプロジェクトに基づいている。本章でデータを集めるのに使ったコードは、http://thinkbayes.com/redline_data.pyにある。詳細については、まえがきの「コードについて」(ixページ)を参照のこと。

8.2 モデル

　分析に入る前に、モデル化について、いくつかの決定をしなければならない。まず、私は、乗客の到着をポワソン過程として扱う。これは、任意の時刻に乗客が到着する確率が等しいとして、未知の割合λで、乗客が駅に到着するとしたことを意味する。この割合は、1分当たりの到着乗客数として計測される。私が乗客の様子を目にするのは、ごく短い時間で、毎日同じ時間帯なので、λが定数であると仮定した。

　他方、地下鉄の到着過程はポワソン過程ではない。ボストン行きの電車は、ピーク時間帯には、レッドラインの最終駅（Alewife駅）から7〜8分ごとに発車するのだが、ケンドール・スクエアに着く頃には、列車間の間隔が3分から12分になっている。

　列車の時間間隔についてのデータを集めるために、http://www.mbta.com/rider_tools/developers/から実時間データをダウンロードして、ケンドール・スクエアに到着する南行きの電車を選択し、データベースにある到着時刻を記録するスクリプトプログラムを書いた。このスクリプトを平日の5日間午後4時から6時まで実行し、1日につき15両の到着を記録し、到着時刻の間隔を計算した。この間隔の分布は、zという印のグラフとして、図8-1に示されている。

　午後4時から6時までプラットフォームに立って、列車の間隔を記録すると、これが観察する分布となる。しかし、あなたが、（時刻表には関係なく）ランダムに駅に着くとした場合、あなたが目にするのは異なる分布である。ランダムな乗客が観察する列車間の平均間隔は、本当の平均よりかなり大きくなる。

　なぜだろうか。それは、乗客が、小さなギャップよりも大きなギャップのときに駅に到着しやすいからである。単純な例を考えよう。列車間隔が、等確率で5分または10分だとしよう。すると、列車の平均間隔は7.5分となる。

　しかし、乗客は、5分のギャップの間のどこかで到着するよりは、10分のギャップのどこかで駅に到着する可能性のほうが高い。実際、ほぼ2倍でそうなる。到着する乗客について調べれば、2/3は10分のギャップのどこかで到着し、1/3だけが5分のギャップのどこかで到着するだろう。したがって、列車の平均到着間隔は、乗客にとってみれば8.33分ということになる。

　この種の**観察者バイアス**（observer bias）は、多くの文脈で生じる。学生は、授業のクラスの人数を、ほとんどが大規模な授業に出るために、実際より多く感じる。飛行機の乗客は、満員の便の方が多いために、実際よりも混んでいるように感じる。

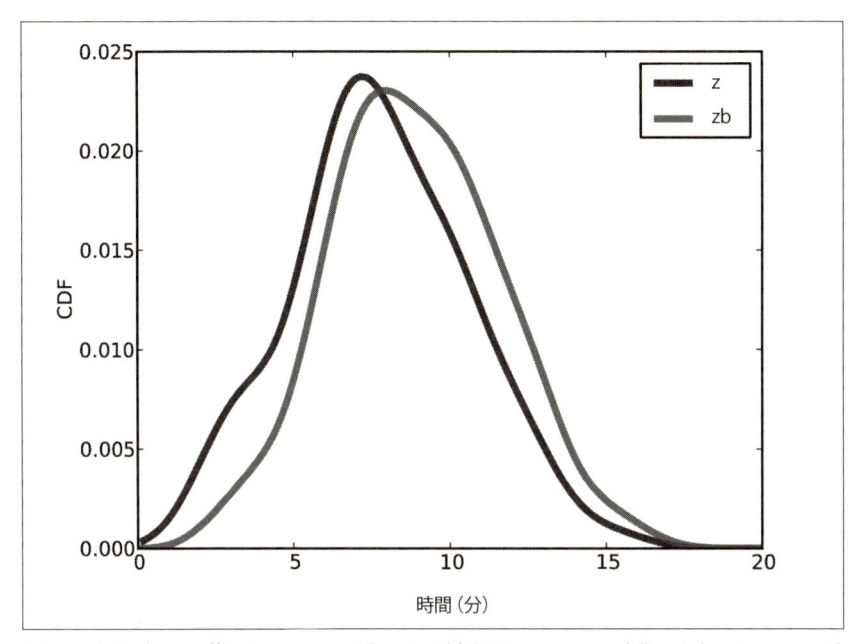

図 8-1 収集データに基づき、KDEで円滑にした列車間隔のPMF。zは実際の分布であり、zbは乗客から見たバイアス付きの分布である。

どちらの場合も、実際の分布の値は、その値に応じて、より大きな値へとサンプル値が変わる。レッドラインの例では、大きさが2倍のものが、2倍観察されることになる。

したがって、待ち時間の実際の分布が与えられれば、乗客の目から見た待ち時間の分布を計算することができる。BiasPmfが、その計算をやってくれる。

```
def BiasPmf(pmf):
    new_pmf = pmf.Copy()

    for x, p in pmf.Items():
        new_pmf.Mult(x, x)

    new_pmf.Normalize()
    return new_pmf
```

pmfが実際の分布、new_pmfがバイアスのかかった分布である。ループの中身は、各値xに観察される機会（xに比例する）を掛けている。結果は正規化する。

図8-1は、実際の待ち時間の分布を表すzと、乗客が観察する待ち時間の分布を表す

「バイアス付き z」の zb を示す。

8.3　待ち時間

　乗客が駅に到着してから次の電車が来るまでの待ち時間を y とする。前の電車の到着から乗客の到着までの経過時間を x とする。私のこの定義では、zb = x + y となる。
　zb の分布がわかっていれば、y の分布を計算できる。単純な事例から始めて一般化することにしよう。前の例と同様に、zb が確率 1/3 で 5 分であるか、確率 2/3 で 10 分であると仮定しよう。
　5 分間にランダムに到着するとすれば、y は 0 分から 5 分の間に一様に分布する。10 分間の間に到着するとすれば、y は 0 から 10 の間に一様に分布する。したがって、全体の分布は、それぞれの間隔の確率にしたがって重み付けした一様分布の混合になる。
　次の関数は、zb の分布を引数に取って、y の分布を計算する。

```
def PmfOfWaitTime(pmf_zb):
    metapmf = thinkbayes.Pmf()
    for gap, prob in pmf_zb.Items():
        uniform = MakeUniformPmf(0, gap)
        metapmf.Set(uniform, prob)

    pmf_y = thinkbayes.MakeMixture(metapmf)
    return pmf_y
```

　PmfOfWaitTime は、メタ Pmf で、各一様分布を確率に対応付ける。それから、「5.6 混合」で見た MakeMixture を使って混合を計算する。
　PmfOfWaitTime は、次のように定義される MakeUniformPmf も使う。

```
def MakeUniformPmf(low, high):
    pmf = thinkbayes.Pmf()
    for x in MakeRange(low=low, high=high):
        pmf.Set(x, 1)
    pmf.Normalize()
    return pmf
```

　low と high とは、(両端を含んだ) 一様分布の範囲である。最後に、MakeUniformPmf が、次に定義される MakeRange を使う。

8.3 待ち時間

```
def MakeRange(low, high, skip=10):
    return range(low, high+skip, skip)
```

MakeRangeは、(秒単位の)待ち時間の取り得る値の集合を定義する。何も指定しないと、10秒間隔で範囲を区切る。

WaitTimeCalculatorというクラスを用意し、この分布を計算するプロセスをカプセル化する。

```
class WaitTimeCalculator(object):

    def __init__(self, pmf_z):
        self.pmf_z = pmf_z
        self.pmf_zb = BiasPmf(pmf)

        self.pmf_y = self.PmfOfWaitTime(self.pmf_zb)
        self.pmf_x = self.pmf_y
```

パラメータpmf_zはzのバイアスのない分布であり、pmf_zbは乗客から見たバイアスのある時間間隔の分布である。

pmf_yは待ち時間の分布、pmf_xは経過時間の分布で、待ち時間の分布と同じになる。zpの個々の値について、yの分布が0からzpまで一様であったからだ。さらに、

```
x = zp - y
```

なので、xの分布も0からzpまで一様だからである。

図8-2は、私がレッドラインのウェブサイトで集めたデータに基づいたz, zb, yの分布である。

この分布の図示では、PmfからCdfに変えている。ほとんどの人がPmfの方をよく知っているが、慣れてしまえばCdfの方が解釈が簡単に思うだろう。そして、同じ座標軸にいくつかの分布をプロットするなら、Cdfを使うとよい。

zの平均は7.8分である。zbの平均は8.8分で、13%高い。yの平均は4.4で、zbの平均の半分となる。

ところで、レッドラインの時刻表には、ピーク時には電車が9分置きに運行するとある。これは、zbの平均に近いが、zの平均より大きい。MBTAの代表者にメールを送って確認したところ、時刻表の運行間隔は、ばらつきを考慮して意図的に慎重な値を載せているとの回答を得た。

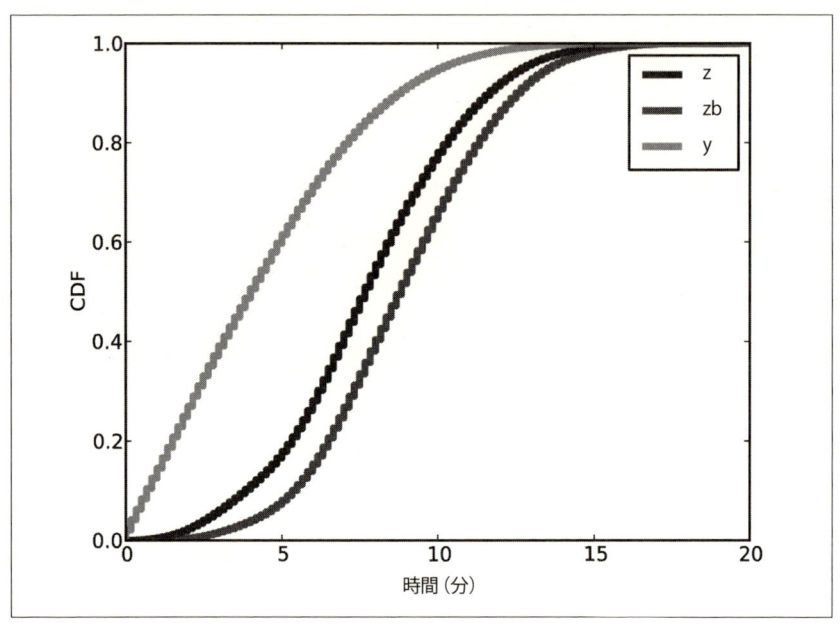

図 8-2 z, zb, 乗客から見た待ち時間 y の CDF

8.4 待ち時間を予測する

元々の動機となった質問に戻ろう。私が駅に着いて、10人待っているのがわかったと仮定しよう。次の電車が来るまでの待ち時間はどのくらいと予測するか。

いつものように、この問題の一番やさしいものから始めて、難しいのに移ることにしよう。実際の分布 z が与えられており、乗客の到着率 λ は、1分ごとに2人と仮定する。この場合、次のことが行える。

1. z の分布を使って、乗客から見た電車の間隔 zp の事前確率分布を求める。
2. 次に、乗客数を使って、直前の電車が発車してからの経過時間 x の分布を推測する。
3. 最後に、関係 y = zp - x を使って、y の分布を求める。

第1ステップとしては、乗客数を考慮した事前確率 zp、x、y の分布をカプセル化する `WaitTimeCalculator` を作る。

```
wtc = WaitTimeCalculator(pmf_z)
```

ここでpmf_zは、与えられた時間間隔の分布である。

次のステップでは、(次に定義する)ElapsedTimeEstimatorを作る。これは、xの事後確率分布とyの推定分布とをカプセル化する。

```
ete = ElapsedTimeEstimator(wtc,
                           lam=2.0/60,
                           num_passengers=15)
```

パラメータは、乗客到着率WaitTimeCalculator、(秒当たりの乗客数で表される)lam、観察された乗客数、例えば15である。

ElapsedTimeEstimatorの定義は次のようになる。

```
class ElapsedTimeEstimator(object):

    def __init__(self, wtc, lam, num_passengers):
        self.prior_x = Elapsed(wtc.pmf_x)

        self.post_x = self.prior_x.Copy()
        self.post_x.Update((lam, num_passengers))

        self.pmf_y = PredictWaitTime(wtc.pmf_zb, self.post_x)
```

prior_xとposterior_xは、経過時間の事前及び事後確率分布である。pmf_yは、待ち時間の推定分布である。

ElapsedTimeEstimatorは、次に定義されるElapsedとPredictWaitTimeを使う。

Elapsedはxの仮説的分布を表すスイートである。xの事前確率分布はWaitTimeCalculatorからすぐ得られる。次に、到着率lamとプラットフォームにいる乗客数のデータを使って、事後確率分布を計算する。

Elapsedの定義は次のようになる。

```
class Elapsed(thinkbayes.Suite):

    def Likelihood(self, data, hypo):
        x = hypo
        lam, k = data
        like = thinkbayes.EvalPoissonPmf(lam * x, k)
        return like
```

いつものように、Likelihoodは仮説とデータを取って、その仮説の下でのデータの尤度を計算する。この場合、hypoは直前の電車が発車してからの経過時間、dataはlamと乗客数の組である。

データの尤度は、到着率lamの下で、x時間内にk人到着する確率である。ポワソン分布のPMFを使って計算できる。

最後に、PredictWaitTimeが次のようになる。

```
def PredictWaitTime(pmf_zb, pmf_x):
    pmf_y = pmf_zb - pmf_x
    RemoveNegatives(pmf_y)
    return pmf_y
```

pmf_zbは電車間隔の分布、pmf_xは観察された乗客数に基づいた経過時間の分布である。y = zb - xなので、次を計算できる。

```
pmf_y = pmf_zb - pmf_x
```

減算演算子は、Pmf.__sub__を呼び出し、zbとxのすべての対を数え上げて、差分を計算して、結果をpmf_yに加える。

結果として得られるPmfは、負数を含むことがあるが、これは起こりえないことがわかっている。例えば、5分間隔に到着するとした場合、5分以上待つ可能性はない。RemoveNegativesは、分布から負の値を取り除き、再正規化を行う。

```
def RemoveNegatives(pmf):
    for val in pmf.Values():
        if val < 0:
            pmf.Remove(val)
    pmf.Normalize()
```

図8-3に結果を示す。xの事前確率分布は、図8-2のyの分布と同じだ。xの事後確率分布からは、プラットフォームに15人いることから、直前の電車が出発したのはおそらく5〜10分前だと考えられる。yの予測分布からは、信頼80%で次の電車が5分もしないで到着するだろうと期待できる。

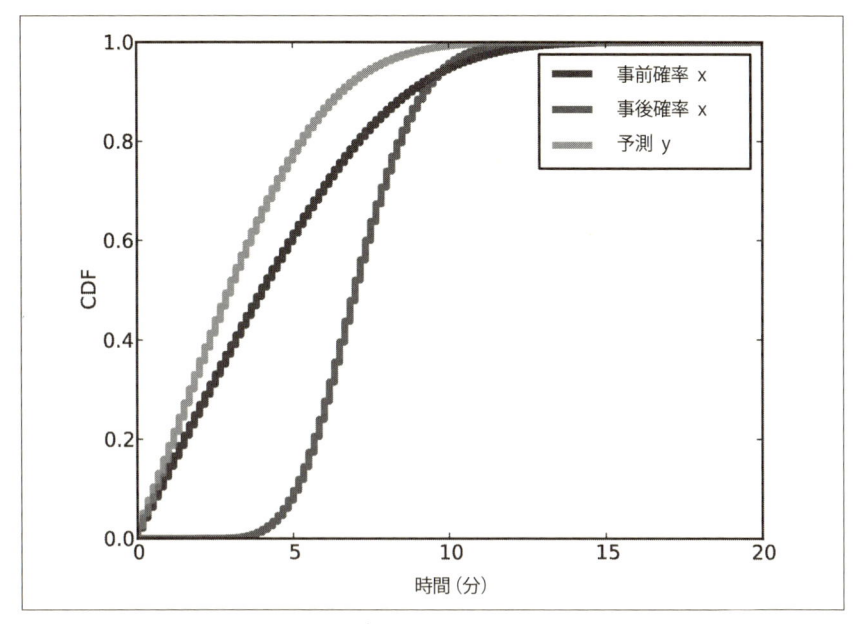

図 8-3　xの事前及び事後確率とyの予測値

8.5　到着率を推定する

これまでの分析は、(1) 運転間隔の分布、(2) 乗客の到着率の2つはわかっているという仮定に基づいていた。2番目の仮定はこの時点で外すことができる。

あなたがボストンに引っ越したばかりだと仮定すると、レッドラインの乗客の到着率はわからない。2、3日通勤して、少なくとも定性的に、当て推量できるようになる。もう少し頑張ると、λを定量的に推定できる。

毎日、駅に到着したら、時刻と待っている乗客数（プラットフォームが大きすぎるときには、サンプル領域を選べばよい）を記録するのである。それから、待ち時間と、待っている間に新たに到着した乗客数を記録する。

5日経てば、次のようなデータができる。

```
k1      y     k2
--     ---    --
17     4.6     9
22     1.0     0
```

```
23    1.4    4
18    5.4   12
 4    5.8   11
```

ここで、k1は到着時に待っている乗客数、yはあなたの待ち時間（分）、k2は待っている間に到着した乗客数だ。

1週間では、18分待っている間に、36人の乗客が到着したので、到着率は、毎分2人と推定できる。実用目的には、この推定で十分だが、完全性の観点から、λの事後確率分布を計算して、この後の分析でその分布をどのように活用するかを示すことにしよう。

ArrivalRateは、λについてのSuiteである。いつものように、Likelihoodは仮説とデータを取って、その仮説の下でのデータの尤度を計算する。

この場合、仮説はλの値である。データは対y, kで、yは待ち時間、kは到着した乗客数である。

```
class ArrivalRate(thinkbayes.Suite):

    def Likelihood(self, data, hypo):
        lam = hypo
        y, k = data
        like = thinkbayes.EvalPoissonPmf(lam * y, k)
        return like
```

Likelihoodはもうおなじみだろう。「8.4 待ち時間を予測する」のElapsed.Likelihoodとほぼ同じである。違いは、Elapsed.Likelihoodでは仮説が経過時間xであり、ArrivalRate.Likelihoodでは仮説がlamだということだけである。しかし、どちらの場合も、尤度は与えられたlamの下、ある時間内にk人が到着する確率を表す。

ArrivalRateEstimatorは、λを推定するプロセスをカプセル化する。パラメータpassenger_dataは、上の表の通り、組k1, y, k2のリストである。

```
class ArrivalRateEstimator(object):

    def __init__(self, passenger_data):
        low, high = 0, 5
        n = 51
        hypos = numpy.linspace(low, high, n) / 60

        self.prior_lam = ArrivalRate(hypos)
        self.post_lam = self.prior_lam.Copy()
```

```
for k1, y, k2 in passenger_data:
    self.post_lam.Update((y, k2))
```

ここで、__init__はlamの仮説的な値の並びであるhyposをまず作り、次に、事前確率分布prior_lamを作る。

図8-4は、事前及び事後確率分布を示す。予期される通り、事後確率分布の平均と中央値は、観察された到着率、すなわち毎分2人の乗客に近い。しかし、事後確率分布の広がり程度は、わずかなサンプルに基づいたλに対する我々の不確実性を反映したものになっている。

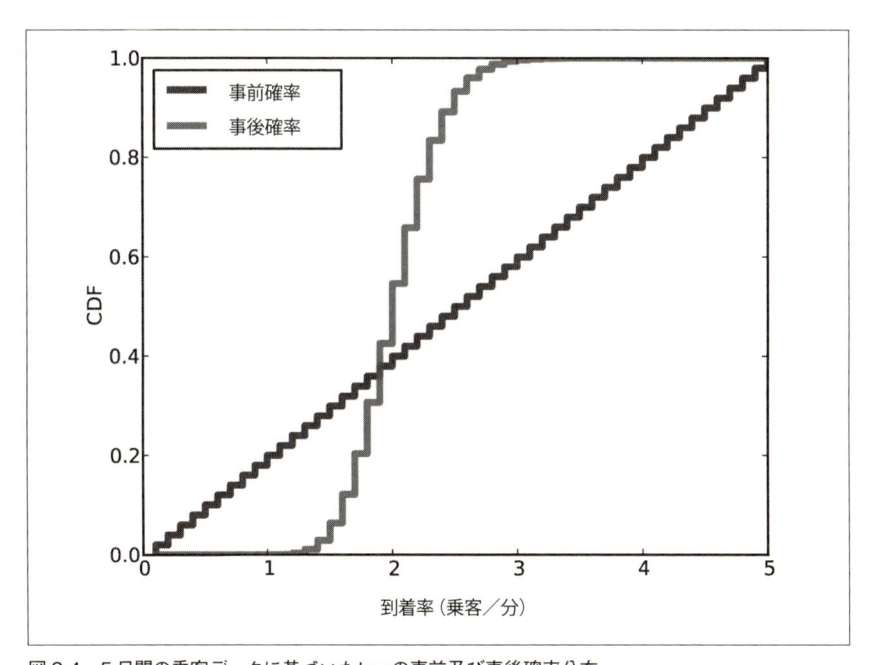

図8-4　5日間の乗客データに基づいたlamの事前及び事後確率分布

8.6　不確実性を取り込む

分析のための入力のどれかに不確実性がある場合、次のようなプロセスで、それを考慮に入れることができる。

1. 不確実なパラメータ（この場合はλ）の決定的な値に基づいて分析を実装する。
2. 不確実なパラメータの分布を計算する。
3. パラメータの各値について分析を行い、一連の予測した分布を生成する。
4. パラメータの分布の重みを使って、予測分布の混合を計算する。

ステップの(1)から(2)はすでに行った。ここでは、ステップの(3)と(4)とを扱うクラス WaitMixtureEstimator を書いた。

```
class WaitMixtureEstimator(object):

    def __init__(self, wtc, are, num_passengers=15):
        self.metapmf = thinkbayes.Pmf()

        for lam, prob in sorted(are.post_lam.Items()):
            ete = ElapsedTimeEstimator(wtc, lam, num_passengers)
            self.metapmf.Set(ete.pmf_y, prob)

        self.mixture = thinkbayes.MakeMixture(self.metapmf)
```

wtc は zb の分布を保持する WaitTimeCalculator、are は lam の分布を持つ ArrivalTimeEstimator である。

コードの第1行は、y の可能な分布に確率を対応させるメタ Pmf を作る。lam の値それぞれに、ElapsedTimeEstimator を使って、対応する y の分布を計算し、それをメタ Pmf に保持する。それから、MakeMixture を使って、混合を計算する。

図 8-5 に結果を示す。背景の薄い色の付いた線が lam の各値に対応する y の分布で、線の太さが尤度を表現する。濃い線はこれらの分布の混合である。

この場合、lam の単一点推定を用いてもほぼ同様の結果が得られるだろう。したがって、推定の不確実性を含めることは、実用目的からも必要なかった。

一般に、システムの応答が非線形ならば、すなわち、もし入力の些細な変化が出力に大きな変動をもたらすようならば、ばらつき（variability）を含めることが重要である。この場合、lam の事後確率のばらつきは小さくて、システム応答は、微小摂動に関してほぼ線形である。

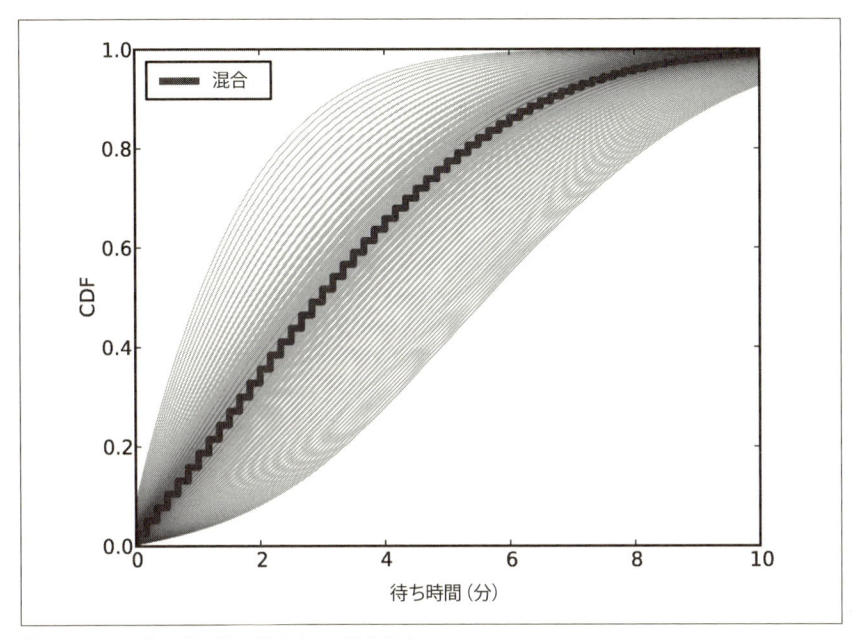

図 8-5　lamの取り得る値に対するyの推定分布

8.7　決定分析

この時点で、駅で待っている乗客数を使って、待ち時間の推定ができる。さて、元々の質問の後半に取り掛かろう。いつ、電車を待つのを諦めて、タクシーを捕まえに行くべきか。

元のシナリオでは、市電で南駅に行こうとしていたのを覚えているだろうか。十分な余裕を見て私はオフィスを出たので、南駅行きに乗り換えるのに15分間まで待てると仮定しよう。

この場合、`num_passengers`の関数としてのyが、15分を超える確率を知りたい。「**8.4 待ち時間を予測する**」での分析を用いて、`num_passengers`の範囲から容易に答えが得られる。

しかし、問題が1つある。この分析は、大幅な遅れの頻度に依存し、そもそも大幅な遅れはまれなことだから、その頻度は推定が難しいのだ。

私には1週間分のデータしかなくて、経験した最大の遅れが15分だった。したがっ

て、それよりひどい遅れの頻度を正確に推定することができない。

しかし、過去の観察を用いて少なくとも大雑把な推定はできる。1年間、レッドラインで通勤したときに、信号機の故障、電力障害、「警察の活動」により他の駅で3回大幅な遅れを経験した。そこで、おおよそ1年間で3回の大遅延があると推定できる。

一方で、私の観察にはバイアスがあることも頭に入れておくべきだ。長時間の遅れは、多数の乗客に影響があるので、目につきやすい。したがって、私の観察は、zではなくてzbのサンプルとして取り扱うべきである。

私は、通勤していた1年間に、レッドラインを230回使った。そこで、電車待ち時間を観察した回数をgap_timesとして、220の待ち時間サンプルを生成し、そのPmfを計算する。

```
n = 220
cdf_z = thinkbayes.MakeCdfFromList(gap_times)
sample_z = cdf_z.Sample(n)
pmf_z = thinkbayes.MakePmfFromList(sample_z)
```

次に、バイアスを加えたpmf_zからzbの分布を得る。サンプルを使い、30、40、50分の遅れ（単位は秒）を足す。

```
cdf_zp = BiasPmf(pmf_z).MakeCdf()
sample_zb = cdf_zp.Sample(n) + [1800, 2400, 3000]
```

Cdf.SampleはPmf.Sampleよりも効率がよいので、サンプルの処理をする前にPmfをCdfに変換しておいた方が普通は速くなる。

次に、zbのサンプルを使って、KDEを用いPdfを推定する。そして、PdfをPmfに変換する。

```
pdf_zb = thinkbayes.EstimatedPdf(sample_zb)
xs = MakeRange(low=60)
pmf_zb = pdf_zb.MakePmf(xs)
```

最後に、zbの分布からバイアスを除いて、zの分布を得る。これを使ってWaitTimeCalculatorを作成できる。

```
pmf_z = UnbiasPmf(pmf_zb)
wtc = WaitTimeCalculator(pmf_z)
```

この処理は、複雑なものだったが、すべてのステップは、すでに登場したものである。

さて、長々と待たされる確率を計算する準備ができた。

```
def ProbLongWait(num_passengers, minutes):
    ete = ElapsedTimeEstimator(wtc, lam, num_passengers)
    cdf_y = ete.pmf_y.MakeCdf()
    prob = 1 - cdf_y.Prob(minutes * 60)
```

駅で待っている乗客数を与えれば、ProbLongWaitはElapsedTimeEstimatorを作り、待ち時間の分布を抽出し、待ち時間が与えられたminutesを超える確率を計算する。

図8-6に結果を示す。待っている乗客数が20人より少なければ、電車は正常に動いており、長い遅延の確率は小さいと推論できる。30人待っていれば、直前の電車が出てから15分ほど経っていて、正常よりも長い遅延であり、何か問題が起こっていて、より大きな遅延があり得ると推論できる。

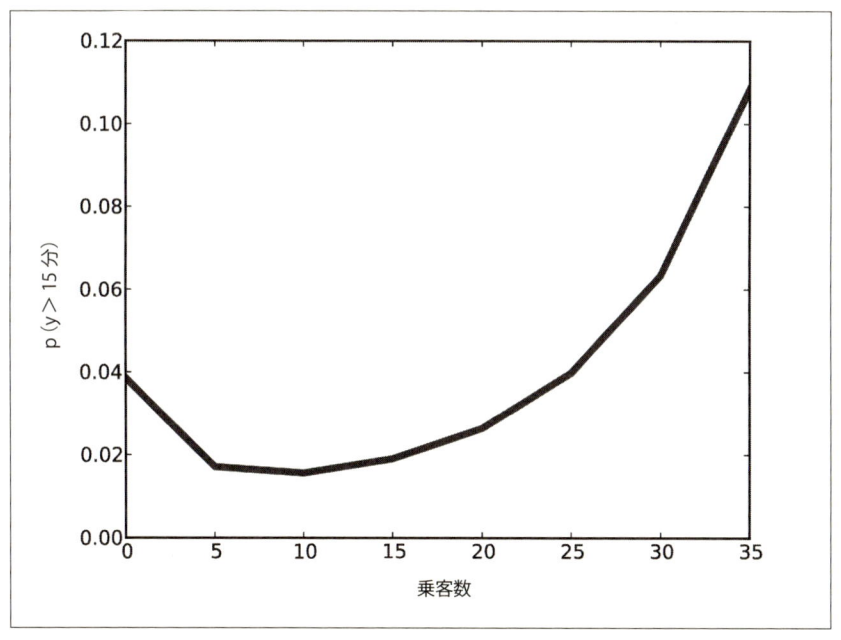

図 8-6 駅で待っている乗客数の関数として与えられた 15 分を超える待ち時間の確率

南駅で乗り換えできないという10%の確率を許容できるならば、待っている乗客が30人より少ない限りは駅で待つべきであり、多ければタクシーを捕まえるべきだ。

あるいは、この分析をさらに進めて、乗り換えられなかったときの費用と、タクシー

を使ったときの費用を数量化して、期待費用を最小化するしきい値を選ぶこともできる。

8.8　議論

ここまでの分析では、乗客の到着率が毎日同じであるという仮定に基づいていた。ラッシュアワーの通勤電車については、悪い仮定ではないが、明らかに例外的な場合もある。例えば、近くで特別なイベントが催される場合、多数の乗客が同じ時間に到着するだろう。この場合、lamの期待値はあまりに低く、xとyの推定値はあまりにも高くなりすぎる。

もしも、そのような特別なイベントが、大幅遅延と同じぐらいの回数で起こるのなら、それもモデルに組み込むことが重要だ。lamの分布を拡張して、時々大きな値を含められるようにすることができる。

我々は、zの分布を知っているという仮定で始めた。代替案としては、乗客がzの推定をできるようにすることがあるが、これは容易ではない。乗客は自分の待ち時間yしか観察できない。最初に来た電車をやり過ごして、次の電車を待たない限りは、電車と電車との間隔zがわからない。

しかし、zbについて、推測を働かすことはできる。到着したときに、待っていた乗客数を記録すれば、直前の電車が出てからの経過時間xを推定できる。そして、yを観察する。xの事後確率分布を観察したyに加えると、zbの観察値についての事後信念を表す分布が作れる。

この分布を使って、zbの分布についての信念を更新できる。最終的に、BiasPmfの逆数を計算して、zbの分布からzの分布を得ることができる。

この分析は、読者への練習問題に残しておこう。ヒント：まず15章を読むとよい。http://thinkbayes.com/redline.py に解の概要が載っている。詳細については、まえがきの「コードについて」(ixページ)を参照のこと。

8.9　練習問題

問題 8-1

この問題は、[MacKay 03] による。

ある放射源から不安定粒子が放射され、距離 x の地点で崩壊する。x は、[パラメータ] λ の指数確率分布の実数として与えられる。崩壊現象は、$x = 1\mathrm{cm}$ から $x = 20\mathrm{cm}$ の範囲で起こった場合のみ観察可能である。位置 {1.5, 2, 3, 4, 5, 12} cm において、N 回の崩壊が観察された。λ の事後確率分布はどのようなものか。

この問題の解は、http://thinkbayes.com/decay.py からダウンロードできる。

9章
2次元

9.1 ペイントボール

ペイントボール（paintball）は米国発祥のスポーツで、弾丸が的に当たると壊れて中に入っている塗料で色のついた印ができる銃を構えて、互いのチームで撃ち合うものである。通常は、障害物や遮蔽物などのオブジェクトが配置された、専用のアリーナで競技が行われる。

幅30フィート長さ50フィートの室内アリーナで、あなたがペイントボールをやっているものと仮定しよう。30フィートの壁のすぐ傍にあなたが立っていて、相手の1人が近くにいるのではないかと疑っているとしよう。壁に沿って、いくつかの塗料の印（弾痕）があるが、すべて同じ色で、相手が最近撃ったものだろうとあなたは考えている。

弾痕は、部屋の左下の隅から測って、15, 16, 18, 21フィートの位置にある。このデータから、相手はどこに隠れていると考えるだろうか。

図9-1にアリーナの見取り図を示す。部屋の左下隅を座標の原点にして、私は、射撃手の未知の位置を座標 α と β、すなわちalpha、betaで表す。弾痕の位置はxで印を付けた。相手が撃った角度は θ、thetaである。

このペイントボール問題は、ベイズ分析でよく使われる灯台問題の修正版である。私の記法は、[Sivia 06]の問題に使われた記法を踏襲している。

本章のコードは、http://thinkbayes.com/paintball.py からダウンロードできる。詳細については、まえがきの「コードについて」(ixページ)を参照のこと。

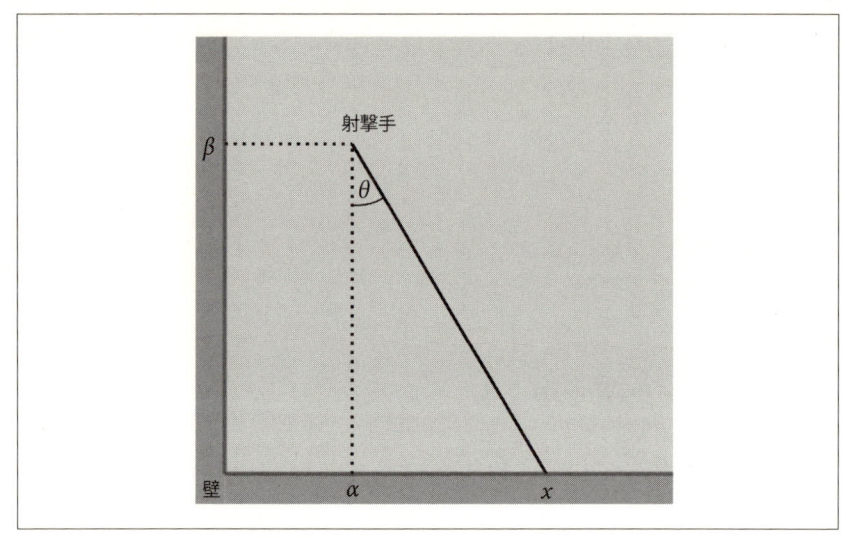

図9-1 ペイントボール問題の配置図

9.2 スイート

まず、相手の位置についての仮説集合を表すスイートが必要となる。各仮説は、座標対(alpha, beta)となる。

ペイントボール・スイートの定義は、次のようになる。

```
class Paintball(thinkbayes.Suite, thinkbayes.Joint):

    def __init__(self, alphas, betas, locations):
        self.locations = locations
        pairs = [(alpha, beta)
                 for alpha in alphas
                 for beta in betas]
        thinkbayes.Suite.__init__(self, pairs)
```

Paintballは、すでに扱ったSuiteと、これから説明するJointを継承している。

alphasはalphaの可能な値のリスト、betasはbetaの可能な値のリスト、pairsはすべての(alpha, beta)対のリストである。

locationsは、壁に沿った可能な位置のリストで、Likelihoodで使われる。

部屋は、幅30フィート、長さ50フィートなので、スイートを作るコードは次のようになる。

```
alphas = range(0, 31)
betas = range(1, 51)
locations = range(0, 31)

suite = Paintball(alphas, betas, locations)
```

この事前確率は、部屋の中のすべての位置が同じ確率だと仮定している。部屋の地図が与えられれば、もっと詳細な事前確率を選ぶことができるが、まず単純なところから始める。

9.3 三角法

相手の位置が与えられたときに、壁に沿って的を撃つ正確さを処理するため、ここで尤度関数が必要になることを意味する。

単純なモデルとして、相手は旋回砲塔のようなもので、どの角度へも同じ確率で撃つものと想定する。その場合に、相手は位置alphaの壁を撃つ確率が最も高く、alphaから遠く離れた壁を撃つ確率は低い。

三角法を使えば、壁に沿ったどの位置についても撃たれる確率を計算できる。例えば射撃手が角度θで撃ち、弾が位置xの壁に当たったとすると、

$$x - \alpha = \beta \tan \theta$$

となる。

この方程式をθについて解くと、次になる。

$$\theta = \tan^{-1}\left(\frac{x - \alpha}{\beta}\right)$$

そこで、壁の任意の位置について、θを探すことができる。

最初の式をθについて微分すれば、次になる。

$$\frac{dx}{d\theta} = \frac{\beta}{\cos^2 \theta}$$

この微分は、私が「掃射速度 (strafing speed)」と呼ぶもので、θの増加に応じて壁に沿った的の位置の速度になる。壁の任意の位置が撃たれる確率は、掃射速度の逆数になる。

射撃手の座標と壁の位置とがわかっていれば、掃射速度を計算できる。

```
def StrafingSpeed(alpha, beta, x):
    theta = math.atan2(x - alpha, beta)
    speed = beta / math.cos(theta)**2
    return speed
```

alphaとbetaは射撃手の座標、xは弾痕の位置である。結果はthetaについてのxの微分となる。

これで、壁の任意の位置を撃つ確率を表すPmfを計算できる。MakeLocationPmfは、射撃手の座標alphaとbeta、xの取り得る値のリストであるlocationsを取る。

```
def MakeLocationPmf(alpha, beta, locations):
    pmf = thinkbayes.Pmf()
    for x in locations:
        prob = 1.0 / StrafingSpeed(alpha, beta, x)
        pmf.Set(x, prob)
    pmf.Normalize()
    return pmf
```

MakeLocationPmfは壁の位置を撃つ確率を計算するが、それは掃射速度の逆数に比例する。結果は位置のPmfとその確率である。

図9-2は、alpha = 10で、betaの値の範囲に応じた、位置のPmfを示す。betaのすべての値について、最も撃たれる回数の多い位置はx = 10である。betaが増えるとともに、Pmfの幅が広がる。

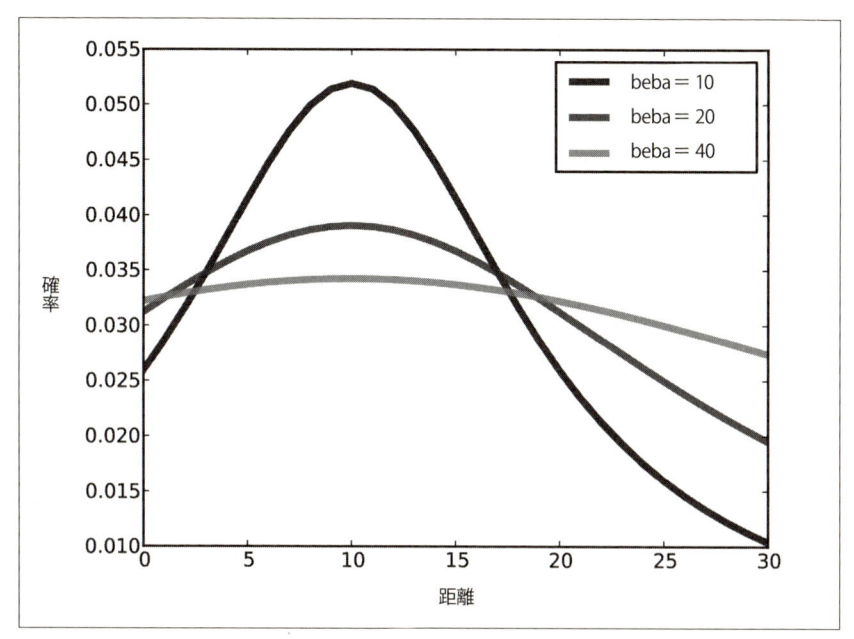

図 9-2　alpha=10 のとき、beta の複数の値に対する位置の PMF

9.4　尤度

ここで必要なのは尤度関数である。MakeLocationPmf を用いて、相手の座標が与えられたとき、x の任意の値の尤度を計算できる。

```
def Likelihood(self, data, hypo):
    alpha, beta = hypo
    x = data
    pmf = MakeLocationPmf(alpha, beta, self.locations)
    like = pmf.Prob(x)
    return like
```

繰り返すが、alpha と beta は射撃手の仮説的な座標で、x は観察された弾痕の位置である。

pmf は、射撃手の座標が与えられた各位置の確率を含む。この Pmf から、観察された位置の確率を選ぶ。

これで終わりだ。スイートを更新するためには、Suite を継承した UpdateSet を使う

ことができる。

```
suite.UpdateSet([15, 16, 18, 21])
```

結果は、各(alpha, beta)対を事後確率に対応させる分布となる。

9.5 ジョイント分布

分布の各値が変数の組であるとき、それらの変数が一緒に、「ジョイントして」値を取るときの分布を表すので、ジョイント分布 (joint distribution) と呼ぶ。ジョイント分布は変数の分布だけでなく、それらの関係についての情報も含む。

ジョイント分布が与えられたとき、各変数の分布を独立に計算できる。これを**周辺分布** (marginal distribution) と呼ぶ。

thinkbayes.Jointは、周辺分布を計算するメソッドを提供する。

```
# class Joint:

    def Marginal(self, i):
        pmf = Pmf()
        for vs, prob in self.Items():
            pmf.Incr(vs[i], prob)
        return pmf
```

iは求めたい変数の添字である。この例では、i=0がalphaの分布を、i=1がbetaの分布を示す。

周辺分布を抽出するコードは次のようになる。

```
marginal_alpha = suite.Marginal(0)
marginal_beta = suite.Marginal(1)
```

図9-3に (CDFに変換された) 結果を示す。alphaの中央値は18で、観察された弾痕の重心の近くである。betaでは、最も確率が高い値は壁に近いが、10フィートを超えると分布はほとんど一様になり、データからは取り得る位置をはっきりと区別することができないことを示唆する。

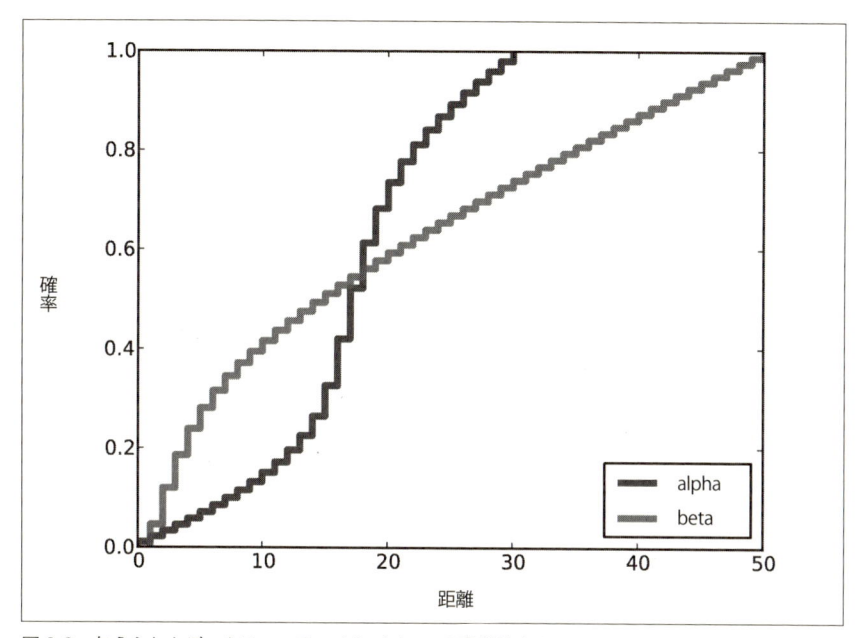

図9-3　与えられたデータについて、alphaとbetaの事後確率CDF

事後確率周辺分布から、各座標の信用区間を独立に計算できる。

```
print 'alpha CI', marginal_alpha.CredibleInterval(50)
print 'beta CI', marginal_beta.CredibleInterval(50)
```

50%信用区間は、alphaで (14, 21)、betaで (5, 31)となる。データから、射撃手は部屋の近い側にいる確証が上がる。しかし、これは強い根拠ではない。90%信用区間は、部屋のほとんどを占める。

9.6　条件付き分布

周辺分布は変数についての情報を独立に含むが、変数間の依存性があるとしてもそれを捉えられない。

依存性を可視化する1つの方法は、**条件付き分布**の計算によるものである。thinkbayes.Jointにはそのためのメソッドがある。

```
def Conditional(self, i, j, val):
    pmf = Pmf()
    for vs, prob in self.Items():
        if vs[j] != val: continue
        pmf.Incr(vs[i], prob)

    pmf.Normalize()
    return pmf
```

ここでもiは求めたい変数の添字、jは条件付き変数の添字、valは条件値である。結果は、j番目の変数がvalであるという条件下でi番目の変数の分布である。例えば、次のコードは、betaの値の範囲に対するalphaの条件付き分布を計算する。

```
betas = [10, 20, 40]

for beta in betas:
    cond = suite.Conditional(0, 1, beta)
```

図9-4に結果を示すが、これは、「事後確率条件付き周辺分布」として記述される。やれやれ。

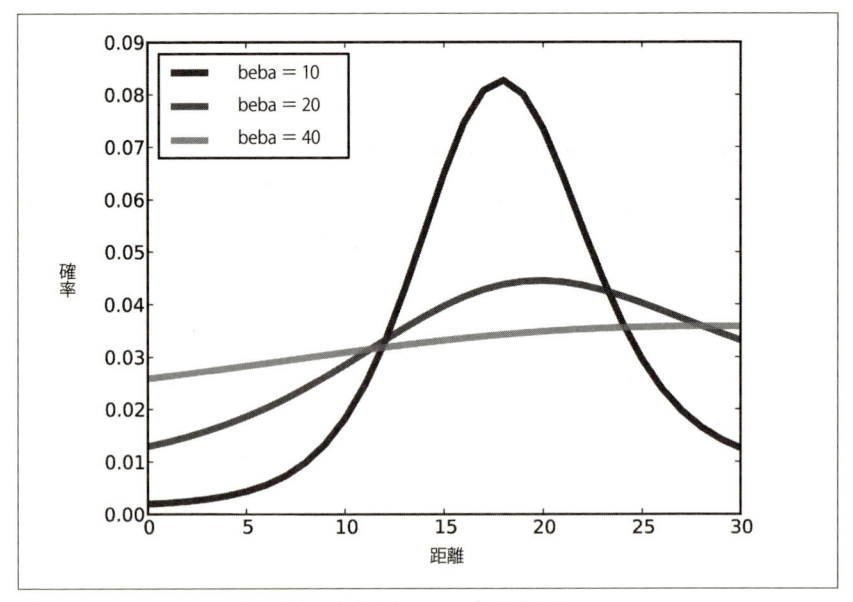

図9-4 betaのいくつかの値に対する条件付きalphaの事後確率分布

もし変数が独立なら、条件付き分布はすべて同じだろう。変数はそれぞれ異なるので、変数は依存していると言うことができる。例えば、beta=10を（どうにかして）知っているとしたら、alphaの条件付き分布は極めて狭い。betaのより大きな値については、alphaの分布はもっと広くなる。

9.7　信用区間

事後確率ジョイント分布を可視化するもう1つの方法は、信用区間を計算することである。「3.5　信用区間」のところでは、微妙な点を省いた。すなわち、与えられた分布について、信用が同じレベルにある区間が多数ある。例えば、50%信用区間が求めたいなら、確率を加えると50%になる値の集合を選べばよい。

値が1次元のときは、**中央信用区間**（central credible interval）を選ぶのが最も一般的である。例えば、中央50%信用区間は、25%から75%までのすべての値を含む。

多次元の場合は、正しい信用区間が何であるかはあまり明確ではない。最善の選択は文脈によるのだが、よくある選択の1つは、最尤信用区間である。これは足し合わせると50%（あるいは他のパーセント）になる最も可能性が高い値を含む。

thinkbayes.Jointは、最尤信用区間を計算するメソッドを提供する。

```
# class Joint:

    def MaxLikeInterval(self, percentage=90):
        interval = []
        total = 0

        t = [(prob, val) for val, prob in self.Items()]
        t.sort(reverse=True)

        for prob, val in t:
            interval.append(val)
            total += prob
            if total >= percentage/100.0:
                break

    return interval
```

第1ステップはスイートの値のリストを作り、確率の降順で整列する。次に、リストを順に調べていきながら、全部の確率がpercentageを超えるまでは、値を間隔

(interval)に追加していく。結果はスイートからの値のリストとなる。この値の集合は、連続的である必要がないことには注意しておくこと。

間隔を可視化するために、各値についてどれだけの間隔があるかを「色付け」する関数を書いた。

```
def MakeCrediblePlot(suite):
    d = dict((pair, 0) for pair in suite.Values())

    percentages = [75, 50, 25]
    for p in percentages:
        interval = suite.MaxLikeInterval(p)
        for pair in interval:
            d[pair] += 1

    return d
```

dはスイート中の各値に対して、それがどれだけの間隔で現れるかを対応させる辞書である。ループは、いくつかのパーセントについて間隔を計算してdを修正する。

図9-5に結果を示す。25%信用区間は下の壁の近くにある一番暗い領域である。高いパーセントについては、信用区間はもちろんより大きく、部屋の右側に寄っている。

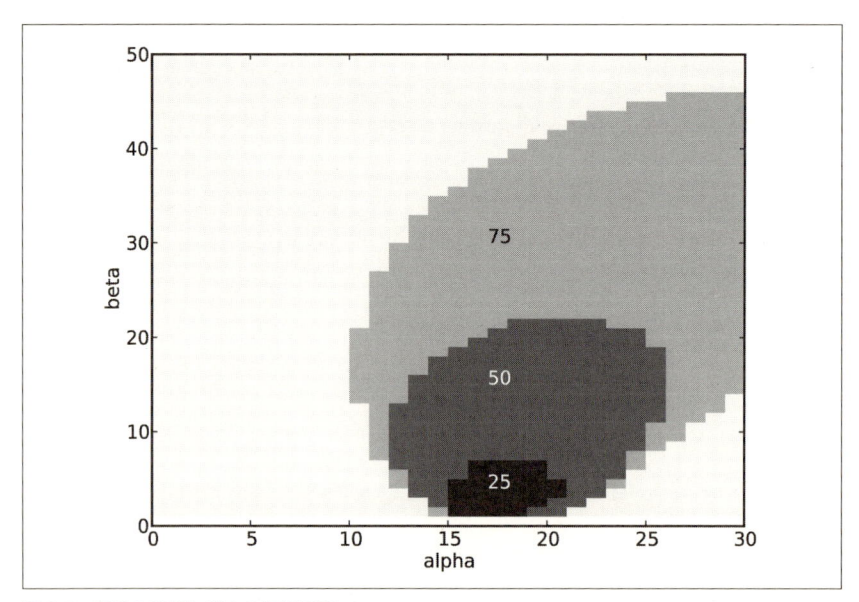

図9-5 相手の座標に対する信用区間

9.8 議論

本章は、これまでの章のベイズフレームワークを2次元パラメータ空間で扱えるように拡張できることを示した。これまでとの唯一の違いは、各仮説がパラメータの組で表されることである。

私は、ジョイント分布に適用されるMarginal, Conditional, MakeLikeIntervalというメソッドを提供する親クラスのJointも提示した。オブジェクト指向の用語で、Jointはミックスイン (mixin) である (http://en.wikipedia.org/wiki/Mixin 参照)[*1]。

本章では多数の新用語が出てきた。それらは次のようになる。

ジョイント分布 (Joint distribution)
: 多次元空間におけるすべての取り得る値と確率を表す分布である。ジョイント分布は、各 (alpha, beta) 対の確率を表す。

周辺分布 (marginal distribution)
: ジョイント分布で他方のパラメータを未知として扱う1つのパラメータの分布である。例えば、図9-3は、alphaとbetaの分布を独立に示す。

条件付き分布 (conditional distribution)
: ジョイント分布の1つのパラメータで、1つ以上の他のパラメータの条件下にあるもの。図9-4は、betaの異なる値を条件として、alphaのいくつかの分布を示している。

ジョイント分布が与えられたとき、周辺分布と条件付き分布とを計算できる。十分な条件付き分布があれば、ジョイント分布を、少なくても近似的に再度作成できる。しかし、周辺分布だけを与えられても、変数間の依存についての情報が失われているのでジョイント分布を再度作成できない。

2パラメータのそれぞれについて、n個の値があれば、ジョイント分布のほとんどの演算は、n^2に比例した時間がかかる。d個のパラメータがあれば、実行時間は、n^dに比例するが、次元数が増えると実用に向かなくなる。

妥当な時間内で百万もの仮説を処理できるなら、2次元で各パラメータが1,000個の

[*1] 訳注：日本語は、http://ja.wikipedia.org/wiki/Mixinとなる。

値を持つ場合や、3次元で100個の値、6次元で10個の値がある場合を扱えるだろう。

より多くの次元数や1次元についてより多くの値が必要なら、試すことのできる最適化がある。15章で例を挙げる。

本章のコードは、http://thinkbayes.com/paintball.py からダウンロードできる。詳細については、まえがきの「コードについて」(ixページ)を参照のこと。

9.9 練習問題

問題 9-1

単純なモデルでは、相手はどの方向にも同じように狙撃する。練習として、このモデルの改善を考えよう。

本章の分析から、射撃手は最も近い壁を撃つ可能性が最も高い。しかし現実には、相手が壁の傍なら、自分と壁の間に目標を確認することはほぼないだろうから、壁を撃つことはない。

この振る舞いを考慮に入れた改善モデルを設計せよ。より現実的だが、あまり複雑でないモデルを探すように試みよ。

10章
ベイズ計算を近似する

10.1 変動性仮説

　私には、エセ科学の趣味がある。最近、Norumbegaタワーを訪問した。これは、複動式ふくらし粉の発明とエセ歴史で有名なEben Norton Horsfordのキチガイじみた理論[1]の記念碑である。但し、これは本章の主題ではない。

　本章は、変動性仮説（Variability Hypothesis）についてである。変動性仮説とは、

> 「19世紀初頭にJohann Meckelによって提唱された。彼は、男性は女性よりも才能の範囲が、特に知性面において、大きいと論じた。言い換えると、彼は、ほとんどの天才とほとんどの知的障害者が男性であると信じた。男性の方が「優れた動物」であると考えていたので、Meckelは女性の変動性欠如が、劣っている印だと結論付けた。」というものだ（http://en.wikipedia.org/wiki/Variability_hypothesis より）

　私は、この解説の最後の部分が気に入っている。というのは、女性のほうが変動性が実は大きかったとわかっても、Merckelはそれを劣っている印だと受け止めたであろうからである。ともかく、変動性仮説の証拠は薄弱であると聞いても驚かないだろう。
　とはいえ、最近、私の授業で、米国疾病管理予防センターCDCの行動危険因子サーベイランスシステム（Behavioral Risk Factor Surveillance System：BRFSS）のデータで、米国青年男女の自己申告身長のデータを調べて、これに関連する事項が出てきた。このデータは、154,407人の男性と254,722人の女性からの返答による。次のようなこと

---

[1] 訳注：Wikipediaの記事によると、Horsfordは、北米にヴァイキングの一支族であるノースメンが住んでいたという理論を作っていたらしい。それを記念した石造りの塔である。

がわかった。

- 男性の平均身長は 178 cm、女性の平均身長は 163 cm。したがって、平均として男性の方が背が高い。何も驚くべき事実はない。
- 男性の標準偏差は 7.7 cm、女性のは 7.3 cm。したがって、絶対量で、男性の身長のほうが変動が大きい。
- しかし、グループ間の変動性を比較するには、変動係数（coefficient of variation：CV）、標準偏差を平均値で割ったものを使ったほうが意味がある。これは、変動性に対する無次元の測度である。男性のCVは、0.0433、女性のは 0.0444 である。

この数値は、非常に近いので、このデータからは変動性仮説に対する確証が弱いと結論することができる。しかし、ベイズ手法を用いて、この結論をより詳細にできる。そして、この課題に答えることで、私は、巨大なデータ集合を処理するいくつかの技法を示すことができるわけだ。

次のような手順で進めよう。

1. 単純な実装から始めるが、これは、1000 以下の値を含むデータ集合しか扱えない。
2. 対数変換して確率を計算することにより、データ集合を完全なサイズまで扱えるようスケールアップできるが、計算は遅い。
3. 最終的に、ABCと略称される近似ベイズ計算（Approximate Bayesian Computation）で、大幅に計算速度を向上させる。

本章のコードは、http://thinkbayes.com/variability.py からダウンロードできる。詳細については、まえがきの「コードについて」（ixページ）を参照のこと。

10.2　平均と標準偏差

9章では、ジョイント分布を使って2つのパラメータを同時に推定した。本章では、同じ手法を用いてガウス分布のパラメータを推定する。平均はmu、標準偏差はsigmaとする。

この問題で、各mu，sigma対に確率を対応させるHeightと呼ばれるスイートを定義する。

```
class Height(thinkbayes.Suite, thinkbayes.Joint):

    def __init__(self, mus, sigmas):
        thinkbayes.Suite.__init__(self)

        pairs = [(mu, sigma)
                 for mu in mus
                 for sigma in sigmas]

    thinkbayes.Suite.__init__(self, pairs)
```

musはmuの可能値の列、sigmasはsigmaの値の列である。事前確率分布はすべてのmu, sigma対で一様となる。

尤度関数はやさしい。muとsigmaの仮定値が与えられたら、特定の値xについて、尤度を計算できる。それこそ、EvalGaussianPdfがしていることで、あとは、それを使うだけだ。

```
# class Height

    def Likelihood(self, data, hypo):
        x = data
        mu, sigma = hypo
        like = thinkbayes.EvalGaussianPdf(x, mu, sigma)
        return like
```

数学の観点から統計学を勉強したことがあるなら、PDEを評価すると確率密度が得られることを知っているだろう。確率を得るには、ある範囲で確率密度を積分する必要がある。

しかし、我々の目的のためには、確率はいらない。求めたい確率に比例する何かさえあればよい。密度関数は、その要求を満たす。

この問題の一番難しい部分は、musとsigmasの適切な範囲を選ぶことである。範囲が狭すぎると、無視できない確率の可能性を失って間違った答えをしてしまう。範囲が広すぎると、正しい答えを得ても、計算能力を無駄にしてしまう。

そこで、古典的な推定を使って、ベイズ技法をより効率的にする。具体的には、古典的な推定を使って、muとsigmaのありそうな位置を探し、これらの推定の標準誤差を用いて、ありそうな分布を選ぶ。

分布の真のパラメータをμとσとして、n個の値のサンプルを取るなら、μの推定値がサンプルの平均、mとなる。

σの推定は、サンプルの標準誤差、sとなる。

推定したμの標準誤差は$s/\sqrt{n}$ であり、推定したσの標準誤差は、$s/\sqrt{2(n-1)}$ となる。

これらすべてを計算するコードを次に示す。

```
def FindPriorRanges(xs, num_points, num_stderrs=3.0):

    # compute m and s
    n = len(xs)
    m = numpy.mean(xs)
    s = numpy.std(xs)

    # compute ranges for m and s
    stderr_m = s / math.sqrt(n)
    mus = MakeRange(m, stderr_m)

    stderr_s = s / math.sqrt(2 * (n-1))
    sigmas = MakeRange(s, stderr_s)

    return mus, sigma
```

xsがデータ集合、num_pointsが範囲内で求めたい値の個数、num_stderrsが推定の片側の範囲の幅を標準偏差の個数で表したものである。

返される値は、musとsigmasという列の対である。

MakeRangeは次のようになる。

```
def MakeRange(estimate, stderr):
    spread = stderr * num_stderrs
    array = numpy.linspace(estimate-spread,
                           estimate+spread,
                           num_points)
    return array
```

numpy.linspaceは、estimate-spreadとestimate+spreadとの間で両端を含めて、等間隔の要素の配列となる。

10.3 更新

最後に、スイートを作って更新するコードを示す。

```
mus, sigmas = FindPriorRanges(xs, num_points)
suite = Height(mus, sigmas)
suite.UpdateSet(xs)
print suite.MaximumLikelihood()
```

このプロセスは、事前確率分布の範囲を選ぶためにデータを使い、更新を行うにも再度このデータを使っているので、信用できないと思われるかもしれない。一般に、同じデータを二度も使うのは、実際、いかがわしい。

しかし、この場合は問題ない。本当だ。データを使って事前確率の範囲を選んでいるが、これは多くの非常に小さい確率の計算を省くためだけだ。num_stderrs=4の範囲は、無視できない尤度の値をすべて含むほど十分大きい。これをさらに大きくしても、結果には影響しない。

結局、事前確率は、muとsigmaのすべての値について一様だが、計算効率の点から、重要でない値はすべて無視する。

10.4　CVの事前確率分布

muとsigmaの事前確率ジョイント分布ができたなら、男性と女性に対するCV（変動係数）を計算して、他よりも大きい確率を導くことができる。

CVの分布を計算するために、muとsigmaの対を次のように数え上げる。

```
def CoefVariation(suite):
    pmf = thinkbayes.Pmf()
    for (mu, sigma), p in suite.Items():
        pmf.Incr(sigma/mu, p)
    return pmf
```

そして、thinkbayes.PmfProbGreaterを使って、男性の変動幅の方が大きい確率を計算する。

分析そのものは単純だが、まだ2つばかり処理しなければならない。

1. データ集合のサイズが増加すると、浮動小数点型算術演算の制限により、いくつかの計算上の問題に直面する。
2. データ集合にいくつか極端な値があり、ほとんどは間違いとなる。このような外れ値（outlier）を考慮した推定処理を行う必要がある。

次節以降で、これらの問題とその解決法について説明する。

10.5 アンダーフロー

BRFSSデータ集合から、最初の100個の値を取ってきて、いままで述べてきた分析を実行したとすると、実行はエラーもなく、もっともそうに見える事後確率分布が得られるだろう。

最初の1000個の値を取ってきて、同じプログラムを走らせると、Pmf.Normalizeで、次のようなエラーが出るだろう。

ValueError: total probability is zero. (値のエラー：全体確率がゼロである。)

問題は、尤度を計算するのに確率密度を使っており、連続分布からの密度は小さくなる傾向にあることだ。1000個の小さな値を取って、それらを掛け合わせると、結果は非常に小さなものになる。その場合、あまりに小さすぎて、浮動小数点数では表現できなくなり、ゼロに丸められる。これは**アンダーフロー**（underflow）と呼ばれる。そして、分布の中のすべての確率がゼロなら、それはもはや分布ではない。

解決法の1つは、更新ごとに、あるいは、100個ごとにPmfの正規化を再度行うことである。これは時間がかかる。

もっと優れた方法は、対数変換をした後で、尤度を計算することである。そうすると、小さい数を掛け合わせる代わりに、尤度の対数を足し合わせることができる。Pmfでは、この処理を容易にするために、Log、LogUpdateSet、Expというメソッドを用意している。

Logは、Pmfでの確率の対数を計算する。

```
# class Pmf

    def Log(self):
        m = self.MaxLike()
        for x, p in self.d.iteritems():
            if p:
                self.Set(x, math.log(p/m))
            else:
                self.Remove(x)
```

対数変換を行う前に、LogはMaxLikeを使って、Pmfの中での最大確率であるmを探す。さらに、すべての確率をmで割ることによって、最大確率が1に正規化され、対数

を取ると0になる。他の確率の対数はすべて負となる。もしも、確率が0であるような値がPmfにあれば、その値は取り除かれる。

Pmfに対数変換をしている間は、Update、UpdateSet、Normalizeを使うことができない。そんなことをすると結果は無意味なものになりかねず、Pmfは例外を投げるだろう。そんなことをせずに、LogUpdateとLogUpdateSetを使わなければならない。

LogUpdateSetの実装は次のようになる。

```
# class Suite

    def LogUpdateSet(self, dataset):
        for data in dataset:
            self.LogUpdate(data)
```

LogUpdateSetは、データをループしてLogUpdateを呼び出して処理する。

```
# class Suite

    def LogUpdate(self, data):
        for hypo in self.Values():
            like = self.LogLikelihood(data, hypo)
            self.Incr(hypo, like)
```

LogUpdateisはUpdateとよく似ているが、Likelihoodの代わりにLogLikelihoodを、Multの代わりにIncrを呼び出すところが違う。

尤度の対数を使うことで、アンダーフローの問題を避けることができるが、Pmfが対数変換をしている間は、他にできることはほとんどない。変換を戻すために、Expを使わなければならない。

```
# class Pmf

    def Exp(self):
        m = self.MaxLike()
        for x, p in self.d.iteritems():
            self.Set(x, math.exp(p-m))
```

もし、尤度の対数が大きな負数なら、尤度の変換結果がアンダーフローを起こす可能性がある。そこで、Expは最大対数尤度mを探し、すべての尤度をmだけ上にシフトさせる。結果として得られる分布では、最尤が1となる。これは精度損失を最小にした対数変換の逆処理となる。

10.6 Log-Likelihoood（対数尤度）

ここで必要なのは、LogLikelihoodである。

```
# class Height

    def LogLikelihood(self, data, hypo):
        x = data
        mu, sigma = hypo
        loglike = scipy.stats.norm.logpdf(x, mu, sigma)
        return loglike
```

`norm.logpdf`は、正規分布（ガウス）PDFの対数尤度を計算する。
更新処理全体は次のようになる。

```
suite.Log()
suite.LogUpdateSet(xs)
suite.Exp()
suite.Normalize()
```

復習すると、`Log`がスイートを対数変換する。`LogUpdateSet`は、`LogUpdate`を呼び出し、さらに、`LogLikelihood`を呼び出す。対数尤度の足し算が、尤度による乗算と同じため、`LogUpdate`は`Pmf.Incr`を使う。

更新の後で、対数尤度は、大きな負数になっているので、`Exp`は変換を戻す前に、それらを上にシフトする。これがアンダーフローを避けるやり方である。

スイートが元に変換されると、確率は再び「線形」となるが、これは、「対数ではない」ということなので、再度`Normalize`を使う。

このアルゴリズムを用いることで、アンダーフローを起こさずにデータ集合全体を処理できるが、まだ遅い。私のコンピュータだと、1時間はかかるだろう。もっとうまくやれるはずだ。

10.7 ちょっとした最適化

この節では、速度を百倍にする数学及び計算上の最適化を行う。しかし、次節以降では、もっと速いアルゴリズムを示す。したがって、すぐに最終結果が欲しければ、本節を飛ばしても構わない。

`Suite.LogUpdateSet`は、各データ点について`LogUpdate`を一度ずつ呼び出している。データ集合全体の対数尤度を一度に計算することで、この処理を高速化できる。

正規（ガウス）PDFから始めよう。

$$\frac{1}{\sigma\sqrt{2\pi}} \exp\left[-\frac{1}{2}\left(\frac{x-\mu}{\sigma}\right)^2\right]$$

対数を取る（定数項を落とす）と次になる。

$$-\log \sigma - \frac{1}{2}\left(\frac{x-\mu}{\sigma}\right)^2$$

値の列x_iがわかっていれば、全体の対数尤度は次のようになる。

$$\sum_i -\log \sigma - \frac{1}{2}\left(\frac{x_i-\mu}{\sigma}\right)^2$$

iに関係しない項を外に出せば、次のようになる。

$$-n \log \sigma - \frac{1}{2\sigma^2} \sum_i (x_i-\mu)^2$$

これをPythonに翻訳すると、結果は次のようになる。

```
# class Height

    def LogUpdateSetFast(self, data):
        xs = tuple(data)
        n = len(xs)

        for hypo in self.Values():
            mu, sigma = hypo
            total = Summation(xs, mu)
            loglike = -n * math.log(sigma) - total / 2 / sigma**2
            self.Incr(hypo, loglike)
```

これ自体はちょっとした改善だが、さらに改善の余地がある。加算が`mu`にのみ依存しており、`sigma`に依存していないので、`mu`の各値について一度だけ計算すれば済むのだ。

再計算を避けるために、和を計算する関数を要素として取り出し、メモ化（memoize）して、以前に計算した結果を辞書に登録するようにした（http://en.wikipedia.org/wiki/

Memoization参照）。[1]

```
def Summation(xs, mu, cache={}):
    try:
        return cache[xs, mu]
    except KeyError:
        ds = [ (x-mu)**2 for x in xs ]
        total = sum(ds)
        cache[xs, mu] = total
        return total
```

cacheは、以前に計算した和の値を保持する。try文では、可能であればcacheからの値を返し、そうでなければ、和を計算してcacheに保持してから結果を返す。

気を付けなければいけないのは、リストはハッシュではないので、cacheの中でキーとして使えないことである。そのためLogUpdateSetFastは、データ集合を組（タプル）に変換している。

この最適化は計算をほぼ百倍高速化している。データ集合全体（154,407人の男性と254,722人の女性）を私のそんなに速くないコンピュータでも1分以内で処理できる。

10.8 ABC

しかし、そんな時間もないかもしれない。その場合、近似ベイズ計算（ABC、Approximate Bayesian Computation）を使うとよいだろう。ABCの背景として、どのようなデータ集合の尤度についても次のようなことが言える。

1. 特にデータ集合が非常に大きい場合、非常に小さいために対数変換を用いなければならない。
2. 計算が高価であり、そのために最適化が必要となる。
3. それ自体を追求したいわけではない。

対象とするデータ集合について、尤度そのものを実際に問題にしているわけではない。特に連続変数については、現在見ているようなデータ集合に出会う尤度について知りたいと思う。

---

[1] 訳注：日本語は、http://ja.wikipedia.org/wiki/ メモ化。古くから知られている手法で、反復計算において、同じ関数の値を何度も計算する無駄を省くことによって高速化する。

例えば、4章のユーロ硬貨問題では、硬貨投げの順序はどうでもよくて、全体として出た表と裏の個数だけが知りたい。機関車問題の場合には、どの機関車が見えたかはどうでもよくて、機関車の台数とその番号の最大値だけが問題なのだ。

同様に、BRFSSのサンプルについては、(何十万もそういう値があるだけに) 特定の値集合が見つかる確率を知りたいとは思っていない。次のような質問が妥当なのだ。「μとσという仮説値を持つ人口から100,000人のサンプルをもし取ったなら、観察された平均値と偏差とを持つサンプルが得られる確率はどのようなものだろうか?」

ガウス分布のサンプルについては、サンプルの統計量について解析的に答えが得られるので、効率的にこの質問に答えることができる。実際、事前確率の範囲を計算するときに、すでにこれを行った。

パラメータがμとσのガウス分布からn個の値を取り出して、サンプルの平均値mを計算したとすると、mの分布は、パラメータがμと$\sqrt{n}$のガウス分布となる。

同様に、サンプルの標準偏差sの分布は、パラメータがμと$\sigma\sqrt{2(n-1)}$のガウス分布となる。

このサンプル分布を使って、μとσが仮説値として与えられた場合に、サンプルの統計量mとsとの尤度を計算できる。それを行うLogUpdateSetの新しいコードは次のようになる。

```python
def LogUpdateSetABC(self, data):
    xs = data
    n = len(xs)
    
    # compute sample statistics
    m = numpy.mean(xs)
    s = numpy.std(xs)
    
    for hypo in sorted(self.Values()):
        mu, sigma = hypo
        
        # compute log likelihood of m, given hypo
        stderr_m = sigma / math.sqrt(n)
        loglike = EvalGaussianLogPdf(m, mu, stderr_m)
        
        #compute log likelihood of s, given hypo
        stderr_s = sigma / math.sqrt(2 * (n-1))
        loglike += EvalGaussianLogPdf(s, sigma, stderr_s)

    self.Incr(hypo, loglike)
```

私のコンピュータで、データ集合全体をこの関数で処理するのに1秒ほどかかり、結果は、5桁の精度を持つ正確な結果に合致する。

10.9　ロバスト推定

もう結果を見てもほとんどよいところだが、もう1つ処理しなければいけない問題がある。このデータ集合には、エラーと判断してよい外れ値が多数存在する。例えば、身長が61 cmと報告されている成人が3人いるが、本当これが事実なら世界で最も背の低い成人になる。反対に、身長229 cmの女性が4人いて、世界で最も背の高い女性に次ぐ身長だ[*1]。

これらの値が正しいものである可能性を否定はできないが、可能性は非常に低いので、これらをどうすればよいかは難しいことだ。それに、これらを正しく処理しないと、このような極値は推定変動性に対して、不相応な影響を与えてしまう。

ABCは、データ集合全体というよりも、要約統計量に基づいているので、外れ値があっても頑健（robust）な要約統計量を選ぶことによって、ABCをより頑健にできる。例えば、サンプルの平均と標準偏差を使う代わりに、中央値（median）と25%と75%との間の差異である四分位数範囲（inter-quartile range：IQR）とを使うこともできる。

より一般的には、分布の与えられた任意の部分間隔pについて百分位数範囲（IPR）を計算することができる。

```
def MedianIPR(xs, p):
    cdf = thinkbayes.MakeCdfFromList(xs)
    median = cdf.Percentile(50)

    alpha = (1-p) / 2
    ipr = cdf.Value(1-alpha) - cdf.Value(alpha)
    return median, ipr
```

xsは値の列、pは望ましい範囲である。例えばp=0.5なら、四分位数範囲になる。

MedianIPRは、xsのCDFを計算して、中央値と2つの百分位との間の差異を抽出する。

iprを変換してsigmaを推定するには、ガウスCDFを用いて与えられた個数の標準偏差によって覆われた分布の部分を計算する。例えば、よく知られた概算値として、

[*1]　訳注：254 cm Trijntje Keeve（1616-1633）という記録がある。

ガウス分布の68%が平均の標準偏差1つ分の幅になるので、両側の裾野部分はそれぞれ16%になる。16%から84%の範囲を計算するとすれば、結果は2 * sigmaであると期待できる。したがって、64%IPRを計算して2で割ればsigmaを推定できるのだ。

より一般的には、任意の個数のsigmaを使うことができる。MedianSは、この計算を行うより一般的なものである。

```
def MedianS(xs, num_sigmas):
    half_p = thinkbayes.StandardGaussianCdf(num_sigmas) - 0.5

    median, ipr = MedianIPR(xs, half_p * 2)
    s = ipr / 2 / num_sigmas

    return median, s
```

ここでもxsは値の列である。num_sigmasは、結果のもとになる標準偏差の個数である。結果はμの推定値medianと、σの推定値sである。

最後に、LogUpdateSetABCにおいて、サンプルの平均値と標準偏差をmedianとsとで置き換える。これで大体済んだ。

観察した百分位を使ってμとσを推定するのは、おかしなことに思えるかもしれないが、これはベイズ方式の柔軟性を示すよい例だ。結局、「μとσという仮説値とエラー値を含む可能性のあるサンプル処理において、与えられたサンプル統計量を生成する機会はどのようなものだろうか？」と同じ問いになる。

μとσが分布の位置と広がりを決定するという点に関して、どのようなサンプル統計量を取ろうと自由なのだが、上に述べたような特性を備えた統計量を選ぶ必要がある。例えば、49%から51%の範囲を選んだなら、広がりについてはほとんど情報が得られない。そのため、σの推定においては、データの制約をほとんど受けない。sigmaのすべての値が観察値生成についてほぼ同じ尤度を持つので、sigmaの事後確率分布は、事前確率分布とほとんど同じようになるだろう。

10.10　どちらの方が変動性が高いか？

最終的に、最初の質問、「男性の変動係数は、女性よりも大きいか？」に答える準備ができた。

中央値とnum_sigmas=1のIPRに基づいたABCを用いて、muとsigmaの事後確率ジョ

イント分布を計算した。**図10-1**と**図10-2**とが結果の等高線図（contour plot）で、muがx軸、sigmaがy軸、確率がz軸で表されている。

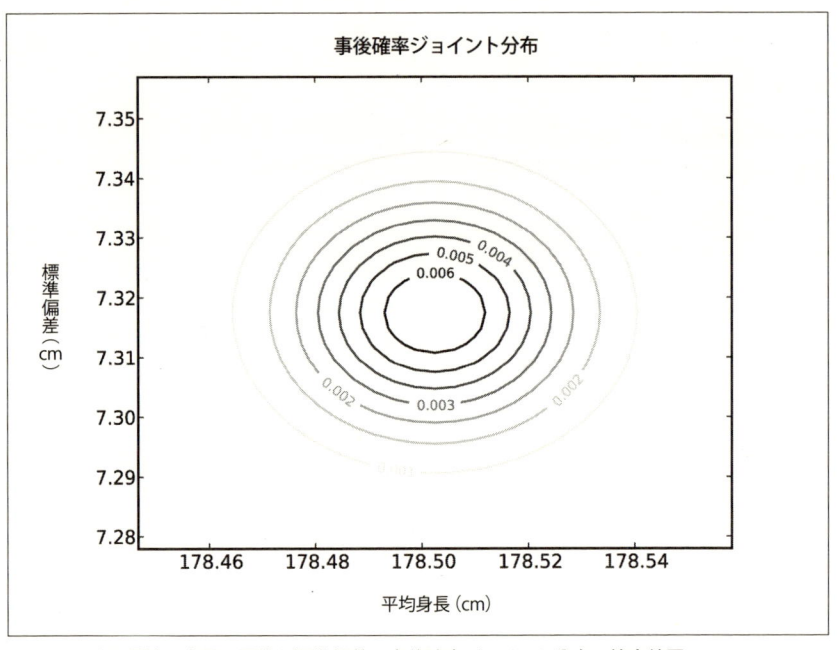

図 10-1　米国男性の身長の平均と標準偏差の事後確率ジョイント分布の等高線図

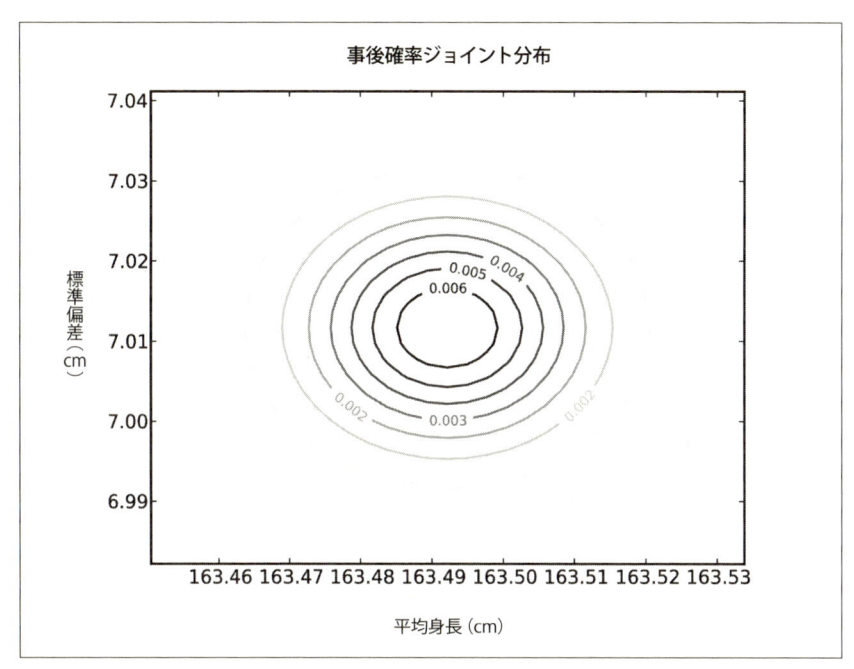

図10-2　米国女性の身長の平均と標準偏差の事後確率ジョイント分布の等高線図

　それぞれのジョイント分布について、CVの事後確率分布を計算した。図10-3は男性と女性に対する分布を示している。男性の平均は0.0410、女性のは0.0429である。分布間に重なりがないので、ほぼ確実に、身長において女性のほうが男性より変動性があると結論することができる。

　これで変動性仮説はおしまいだろうか。残念ながらそうではない。この結果は、百分位数範囲の選択に依存することが判明した。num_sigmas=1の場合、女性のほうが男性より変動性があると結論したが、num_sigmas=2の場合、男性のほうが変動性があると同程度の確信度で結論付けられるのだ。

　こういう違いが出る理由は、背の低い男性が女性より多くて、平均からの距離がより大きいことにある。

　したがって、変動性仮説の評価は、「変動性」の解釈に依存する。num_sigmas=1の場合、平均に近い人々に焦点を当てている。num_sigmasを増やせば、極値に近い方により重点を移すことになる。

　どちらを強調するのが適切かを決定するには、仮説においてより適切な文言が必要

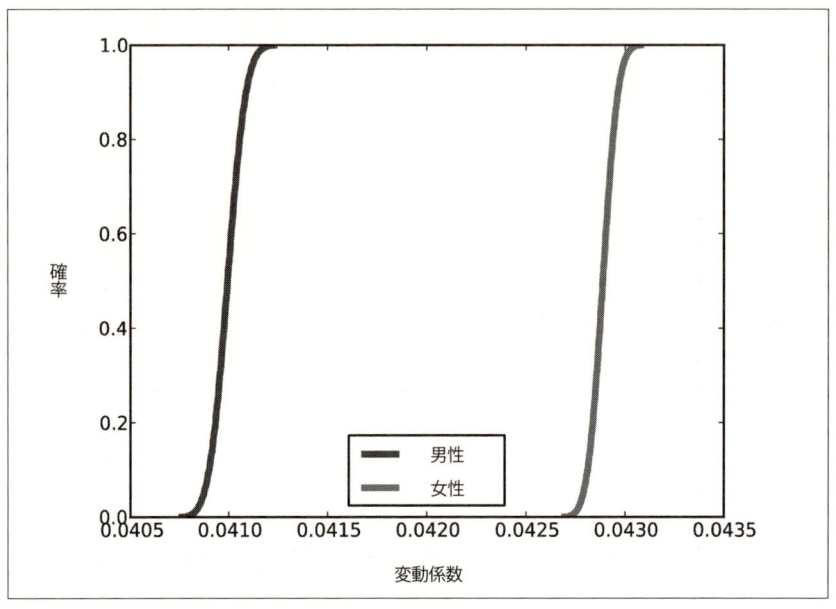

図10-3 ロバスト推定に基づいた男性と女性のCVの事後確率分布

となる。現状では、変動性仮説の定義は、曖昧すぎてきちんと評価できない。

そうは言っても、これは私が新たな概念を示すのに役だったし、みなさんも同意してくれると思うが、面白い例題だった。

10.11　議論

ABCについては2通りの考え方がある。1つの解釈は、名前通りに、正確な値を計算するよりも速い近似であるというものだ。

しかしながら、覚えておいてほしいのは、ベイズ分析は常にモデル化の決定に依存していることだ。それは、「正確な」解などそもそも存在しないことを意味する。興味深い物理システムには、可能なモデルが多数あり、モデルごとに結果が異なる。結果を解釈するには、モデルを評価する必要がある。

したがって、ABCのもう1つの解釈は、尤度に対する別のモデルを表している。$p(D|H)$を計算するとき、私たちは、「与えられた仮説の下でデータの尤度はどうなのだろう」と問うている。

巨大なデータ集合においては、個別データの尤度は非常に小さくなり、それは、上の問いが正しい問いではないことを示唆する。私たちが本当に知りたいのは、そのデータのような結果についての尤度なのであり、「のような」の定義が、モデル化におけるもう1つの決定なのだ。

ABCの背景にあるアイデアは、2つのデータ集合が同じ要約統計量を生成するなら、よく似ているというものだ。しかし、場合によっては、本章の例でわかったように、どの要約統計量を選ぶべきかが明瞭でないことがある。

本章のコードは、http://thinkbayes.com/variability.py からダウンロードできる。詳細については、まえがきの「コードについて」(ixページ)を参照のこと。

10.12 練習問題

問題 10-1

「効果量」(effect size) は、2つのグループ間での違いを測定するための統計量である (http://en.wikipedia.org/wiki/Effect_size 参照)。

例えば、BRFSSのデータを用いて、男性と女性の間の身長の違いを推定できる。μとσの事後確率分布から値のサンプルを取って、この差異の事後確率分布を生成できる。

しかし、cm単位で測った差異よりも、効果量という無次元測度を使うほうがよいだろう。1つの方法は、標準偏差で割るもの（変動係数で行ったのと同じようなもの）である。

グループ1のパラメータが (μ_1, σ_1) で、グループ2のパラメータが (μ_2, σ_2) なら、無次元効果量は、次のようになる。

$$\frac{\mu_1 - \mu_2}{(\sigma_1 + \sigma_2)/2}$$

2つのグループのmuとsigmaのジョイント分布を取って、効果量の事後確率分布を返す関数を書け。

ヒント：2つの分布からすべての対を数え上げるとすれば、それは時間がかかりすぎる。ランダムサンプリングを考えよ。

11章
仮説検定

11.1 ユーロ硬貨問題に戻る

「4.1 ユーロ硬貨問題」では、マッケイの本 [MacKay 03] の問題を出した。

> 2002年1月4日金曜日のガーディアン紙に、次のような統計に関する記事が出た。ベルギーの1ユーロ硬貨を250回指ではねて回してみたところ、表が140回、裏が110回出た。ロンドン・スクール・オブ・エコノミクス (LSE) の統計学の講師である Barry Bright は、「非常に怪しい」「硬貨が偏りがないなら、このような極端な結果の出る確率は7%より小さい」と語っている。

しかし、このデータは、硬貨が偏っているという証拠になるのだろうか。

私たちは硬貨の表が出る確率を推定したが、マッケイの問い「このデータは、硬貨が偏っている証拠になるのだろうか」に対して、本当に答えてはいなかった。

4章で、私は、もしもデータが仮説の下でのほうが、他の場合よりもより確からしいなら、同じことだが別の言い方で、ベイズ因子が1より大きいなら、データは仮説を支持すると提案した。

ユーロ硬貨問題では、私たちは2つの仮説を検討した。硬貨に偏りがないという仮説を F、硬貨が偏っているという仮説を B で表すことにしよう。

硬貨の偏りがないなら、データの尤度 $p(D|F)$ を計算するのはたやすい。実際、それを行う関数をすでに書いている。

```
def Likelihood(self, data, hypo):
    x = hypo / 100.0
    head, tails = data
```

```
        like = x**heads * (1-x)**tails
        return like
```

Euroスイートを作成して、Likelihoodを呼び出せば、これを使うことができる。

```
suite = Euro()
likelihood = suite.Likelihood(data, 50)
```

$p(D|F)$は、$5.5 \cdot 10^{-76}$であり、特定のデータ集合を取る確率が非常に小さいことを除いては、大して情報がない。比率を出すのに2つの尤度がいるので、$p(D|B)$も計算しないといけない。

Bの尤度をどのように計算するかは、「偏っている」とは何を意味するかが明白ではないので、はっきりしない。

1つの可能性は不正行為になるが、仮説を定義する前に、データに目を通すことである。その場合、「偏っている」とは表の出る確率が140/250であるということを意味する。

```
actual_percent = 100.0 * 140 / 250
likelihood = suite.Likelihood(data, actual_percent)
```

今回のBを、B_cheatと呼ぶ。b_cheatの尤度は$34 \cdot 10^{-76}$であり、尤度比は6.1となる。したがって、データは今回のBを支持する証拠であると言える。

しかし、仮説を定式化するためにデータを用いることは、明らかにインチキだ。この定義では、表の出る観察されたパーセントが正確に50%でない限り、どんなデータもBの証拠となってしまう。

11.2　公正な比較を行う

正当な比較を行うためには、データを見ないでBを定義する必要がある。まずは異なる定義を試してみよう。ベルギーのユーロ硬貨を調べると、「表」のほうが「裏」よりも出っ張っていることに気づく。xに形が何か影響するかもしれないとも思うが、それが表の出る確率を増やすのか減らすのかどちらになるのか確信は持てない。したがって、「硬貨は偏っていてxは0.6か0.4だと思うのだが、どちらかはわからない」ということだ。

今回は、仮説が2つの部分仮説に分けられることから、B_twoと呼ぶ。部分仮説のそれぞれについて計算して、平均の尤度を計算することができる。

```
like40 = suite.Likelihood(data, 40)
like60 = suite.Likelihood(data, 60)
likelihood = 0.5 * like40 + 0.5 * like60
```

b_twoの尤度比（ベイズ因子）は1.3で、データがb_twoを支持するという証拠が弱いことを意味する。

より一般的に、硬貨は偏っているものと想定しているかもしれないが、xの値については何の手がかりもないと仮定しよう。その場合には、b_uniformと呼ぶスイートを使って、0から100までの部分仮説を表現するやり方がある。

```
b_uniform = Euro(xrange(0, 101))
b_uniform.Remove(50)
b_uniform.Normalize()
```

私は、b_uniformを0から100で初期化した。xが50%の部分仮説は、その場合には硬貨が全く偏っていないことになるので、取り除いたが、取り除いても取り除かなくても結果に対してほとんど影響はない。

b_uniformの尤度を計算するには、各部分仮説の尤度を計算して、重み付け平均に足し合わせる。

```
def SuiteLikelihood(suite, data):
    total = 0
    for hypo, prob in suite.Items():
        like = suite.Likelihood(data, hypo)
        total += prob * like
    return total
```

b_uniformの尤度比は0.47で、Fと比べたときにb_uniformに対する証拠としては弱いことを意味する。

SuiteLikelihoodの計算効率について考えれば、更新の場合と同様であることに気づくはずだ。思い出してもらうために、関数Updateの定義を次に示す。

```
def Update(self, data):
    for hypo in self.Values():
        like = self.Likelihood(data, hypo)
        self.Mult(hypo, like)
    return self.Normalize()
```

Normalizeは次のようになる。

```
def Normalize(self):
    total = self.Total()

    factor = 1.0 / total
    for x in self.d:
        self.d[x] *= factor

    return total
```

Normalizeの返却値はスイートの確率の全体で、部分仮説の尤度に事前確率で重み付けしたものの平均を取ったものになる。Updateがこの値を渡すので、SuiteLikelihoodを使う代わりに、b_uniformの尤度を次のようにして計算することもできる。

```
likelihood = b_uniform.Update(data)
```

11.3 三角事前確率

4章では、50%に近いxの値により高い確率を与える三角形の事前確率についても検討した。この事前確率を部分仮説のスイートとして考えれば、その尤度を次のように計算できる。

```
b_triangle = TrianglePrior()
likelihood = b_triangle.Update(data)
```

b_triangleの尤度比はFと比較して0.84なので、この場合もデータはBに対する証拠として弱いと言える。

次の表には、これまで検討した事前確率を、尤度とFに関する尤度比(ベイズ因子)とともに示す。

仮説	尤度×10^{-76}	ベイズ因子
F	5.5	—
B_cheat	34	6.1
B_two	7.4	1.3
B_uniform	2.6	0.47
B_triangle	4.6	0.84

どの定義を選んだかによって、データは硬貨が偏っているという仮説を支持するか反証するかなのだが、どちらの場合でも証拠としては弱い。

まとめると、ベイズ仮説を用いて、FとBの尤度を比較することを試みることができるが、Bが正確に何を意味するかを規定するにはそれなりに作業しなければならない。この規定は、硬貨とそれを回したときの振る舞いについての背景情報に依存するので、正しい定義は何かということについて、意見の食い違いがあるのも当然だろう。

この例では、デビッド・マッケイの議論にしたがって提示し、彼と同じ結論に達した。本章で私が使ったコードは、http://thinkbayes.com/euro3.pyからダウンロードできる。詳細については、まえがきの「コードについて」（ixページ）を参照のこと。

11.4 議論

`B_uniform`のベイズ因子は0.47で、Fと比較して、データはこの仮説に対する反証を意味する。前節で私はこの証拠を「弱い」と決め付けたが、理由は述べなかった。

その答えの一部は歴史的なものである。ベイズ統計の初期の推奨者であるHarold Jeffreysは、ベイズ因子を解釈するための次のような尺度を示していた。

ベイズ因子	強さ
1～3	述べておくだけ
3～10	かなり
10～30	強い
30～100	非常に強い
＞100	決定的

この例の場合、ベイズ因子は、`B_uniform`を支持するとして0.47なので、Fの支持では2.1となるが、Jeffreysなら、「述べておくだけ」でしかない。他の著者は別の言い方をするだろう。形容詞についての議論を避けるために、代わりにオッズを考えることもできる。

事前オッズが1：1で、ベイズ因子が2の証拠が得られたら、事後オッズは2：1となる。確率について言えば、データがあなたの確信度を50％から66％に変えたのだ。実世界でのほとんどの問題について、この変位はモデル化の誤差や他の不確定要素に比べて小さいものだろう。

一方、ベイズ因子が100の証拠があったなら、事後オッズは100：1、99％以上になるだろう。そのような証拠が「決定的」ということにあなたが合意するかは別にして、それは確かに強い証拠だ。

11.5 練習問題

問題 11-1

超能力（extra-sensory perception：ESP）の存在を信じている人々がいる。例えば、偶然よりは高い確率でカードの表の数字を裏から当てるような能力のことだ。

この種のESPに対する事前確信度はどのようなものだろうか。存在は半々程度だと思うか、あるいは、存在の可能性は低いと思うか。オッズを書け。

ESPが少なくとも50%で存在すると確信させる証拠の強さの程度を計算せよ。90%でESPが存在すると確信するのに必要なベイズ因子はどうなるか。

問題 11-2

前の問題に対する自分の答えが1,000であったと仮定しよう。すなわち、信念を変えるには、ESPが存在するというベイズ因子1,000の証拠があれば十分だとする。

信頼性の高い専門的な科学誌でESPが存在するというベイズ因子1,000の証拠を掲載した論文を読んだと仮定しよう。これは信念を変えるだろうか。

もし変えないとしたら、この明らかな矛盾をあなたはどのように解消するのだろうか。David Humeの「人間知性研究（An Enquiry Concerning Human Understanding）」にある「Of Miracles」(http://en.wikipedia.org/wiki/Of_Miracles) という章を読むと参考になるかもしれない[*1]。

[*1] 訳注：邦訳は、斉藤繁雄・一ノ瀬正樹訳、『人間知性研究 — 付・人間本性論摘要』、法政大学出版局、2004。

12章
証拠

12.1 SATの点数を解釈する

マサチューセッツ州にある小規模な工科大学の入試担当理事[*1]が、2人の入学希望者アリスとボブを審査していると仮定しよう。2人の成績はほとんど同じようなものだが、大学入学資格判定の標準的な試験であるSATの数学分野に関しては、アリスの点数のほうが高かった。

（満点が800で）アリスが780点、ボブが740点だとしたら、この相違は、アリスの方がボブよりもふさわしいという根拠になるかどうか、また、その根拠の強さはどの程度かを知りたい。

ここで、実際の審査の場面について述べておくと、この点数はどちらも非常によくて、両者とも大学の数学に関して言えば申し分ない。だから、理事は、他の技能や大学にふさわしい態度を身に付けているかどうかを調べるように実際には指示するはずである。しかし、ベイズ仮説検定の例題としては、「アリスの方がボブよりもふさわしいという根拠の強さはどの程度か？」という質問に限定することにしよう。

この質問に答えるには、モデル化上の決定を行う必要がある。間違いだとわかっているが、まずは極めて単純化したモデルから始めよう。後で見直してモデルを改良する。一時的に、すべてのSAT問題が同じように難しいと仮定しよう。実際には、SATの設計者は、ある範囲内の難易度の問題を選ぶ。これは、受験者の間の統計的な差異を計測する機能を改善するためである。

[*1] 訳注：筆者のDowneyさんが勤務するのは、マサチューセッツ州にあるオーリン大学（Olin College of Engineering）、全校で300人弱の小さいが非常に有名な大学である。Dean of Admissionを入試担当理事と訳したが、正しくは学生採用担当だろう。日本の大学にはこのようなポジションはない。入学生を決める責任者。

すべての問題が同じ程度に難しいというモデルを選んだならば、各受験者について特性p_correctを定義できる。これは、問題に正しく答えられる確率である。この単純化は、与えられた得点の尤度の計算をやさしくする。

12.2 スケール

SATの点数を理解するには、点数付けとスケール合わせの処理過程を理解しなければならない。各受験者は、正答と誤答の個数に基づいて基本的な点数を得る。基本点数は、200-800という範囲のスケールに合わせた得点に変換される。

2009年には、数学のSATには、54の問題があった。各受験者の基本点数は、正答数から誤答数の1/4を差し引いたものである。

SATを管理している大学理事会（College Board）は、基本得点からスケール化得点への変換表を公表している。私はそのデータをダウンロードして、それをInterpolater（内挿）オブジェクトにラップして、前方（基本からスケール化）後方（スケール化から基本）と表引きができるようにした。

この例題のコードは、http://thinkbayes.com/sat.pyからダウンロードできる。詳細については、まえがきの「コードについて」（ixページ）を参照のこと

12.3 事前確率

大学理事会は、すべての受験者のスケール化得点の分布も公表している。スケール化得点を基本得点に変換して、問題数で割れば、結果がp_correctの推定となる。そこで、基本得点の分布を使って、p_correctの事前確率分布をモデル化できる。

データを読み込んで処理するプロセスは次のようになる。

```
class Exam(object):

    def __init__(self):
        self.scale = ReadScale()
        scores = ReadRanks()
        score_pmf = thinkbayes.MakePmfFromDict(dict(scores))
        self.raw = self.ReverseScale(score_pmf)
        self.prior = DivideValues(raw, 54)
```

Examは試験についての情報をカプセル化する。ReadScaleとReadRanksは、ファイル

を読み込んでデータを含むオブジェクトを返す。self.scaleは基本データをスケール化得点に変換したり、戻したりするInterpolatorである。Scoresは (得点、頻度) 対のリストである。

score_pmfはスケール合わせした点数のPmf、self.rawは基本得点のPmf、self.priorはp_correctのPmfである。

図12-1はp_correctの事前確率分布を示す。この分布はほぼ正規分布だが、極値の付近で圧縮されている。SATは、平均から2標準偏差分で受験者の間の差異が明らかになるよう設計されており、その範囲を超えると威力がなくなる。

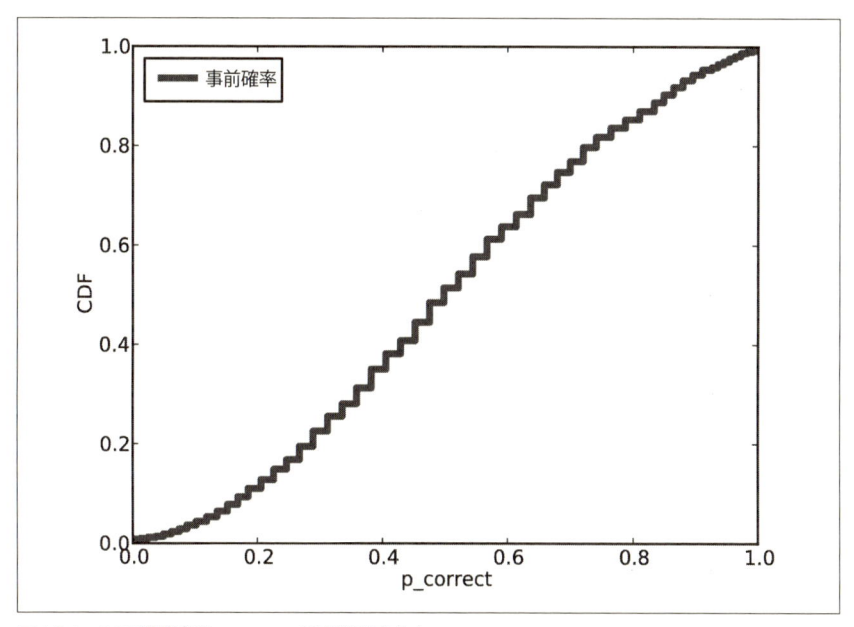

図 12-1　SAT受験者のp_correctの事前確率分布

受験者各々について、p_correctの分布を表すスイートSatを定義した。定義は次のようになる。

```
class Sat(thinkbayes.Suite):

    def __init__(self, exam, score):
        thinkbayes.Suite.__init__(self)
```

```
            self.exam = exam
            self.score = score

            # start with the prior distribution
            for p_correct, prob in exam.prior.Items():
                self.Set(p_correct, prob)

            # update based on an exam score
            self.Update(score)
```

`__init__`は、Examオブジェクトとスケール化得点とを取る。事前確率分布のコピーを作り、試験得点に基づいて、それ自身を更新する。

いつものように、SuiteからUpdateを継承し、Likelihoodを提供する。

```
    def Likelihood(self, data, hypo):
        p_correct = hypo
        score = data

        k = self.exam.Reverse(score)
        n = self.exam.max_score
        like = thinkbayes.EvalBinomialPmf(k, n, p_correct)
        return like
```

hypoは、p_correctの仮説値で、dataはスケール化得点である。

物事を単純にしておくために、基本得点を正答数と解釈して、誤答のペナルティ（引き算分）を無視する。この単純化によって、尤度はn個の問題でk個正答する確率を計算する二項分布によって与えられる。

12.4 事後確率

図12-2は、試験得点に基づいたアリスとボブのp_correctの事後確率分布を示す。これらは重なり合っているので、ボブのp_correctが高いという可能性があるが、それが実際に起こる可能性はきわめて低いように思われる。

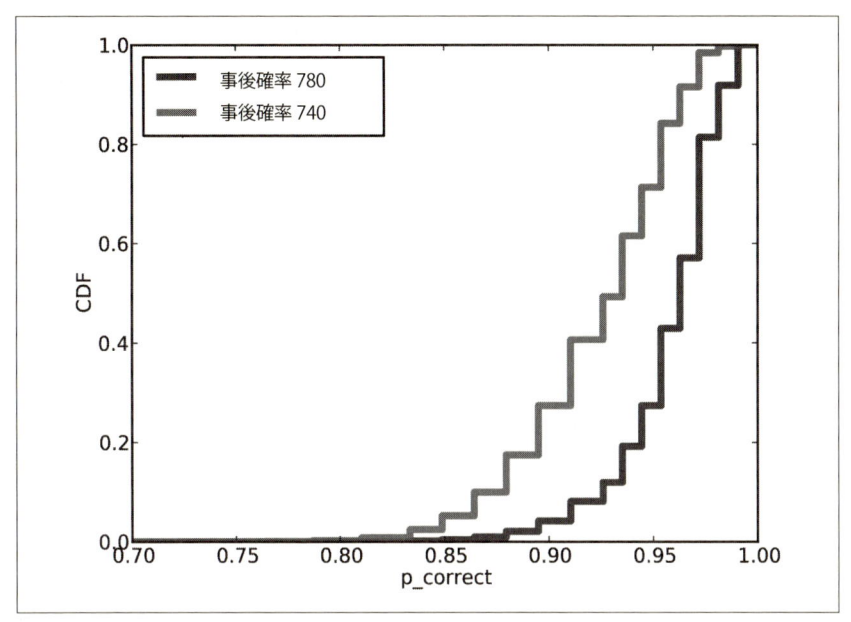

図12-2 アリスとボブのp_correctの事後確率分布

そこで、元々の質問、「アリスの方がボブよりもふさわしいという証拠の強さはどの程度か？」に戻る。p_correctの事後確率分布を用いてこの質問に答えられる。

質問をベイズ仮説検定に定式化するために、次の2つの仮説を定義する。

- A：p_correctは、アリスのほうがボブより高い。
- B：p_correctは、ボブのほうがアリスより高い。

Aの尤度を計算するために、事後確率分布のすべての値対を数え上げ、足し合わせて、アリスのほうがボブよりp_correctが高いという場合の全体確率を計算できる。それを行う関数thinkbayes.PmfProbGreaterもすでにある。

したがって、AとBの事後確率を計算するスイートを定義できる。

```
class TopLevel(thinkbayes.Suite):

    def Update(self, data):
        a_sat, b_sat = data

        a_like = thinkbayes.PmfProbGreater(a_sat, b_sat)
```

```
        b_like = thinkbayes.PmfProbLess(a_sat, b_sat)
        c_like = thinkbayes.PmfProbEqual(a_sat, b_sat)

        a_like += c_like / 2
        b_like += c_like / 2

        self.Mult('A', a_like)
        self.Mult('B', b_like)

        self.Normalize()
```

通常、新しいスイートを定義するには、Updateを継承して、Likelihoodを定義する。この場合、両方の仮説の尤度を同時に評価するほうがやさしいため、Updateをオーバーライドしている。

Updateに渡されるデータは、p_correctの事後確率分布を表すSATオブジェクトである。

a_likeはアリスのp_correctのほうが高いという全確率、b_likeはボブのp_correctのほうが高いという全確率である。

c_likeは両者が「等しい」という確率だが、この確率は、p_correctを離散値でモデル化するという決定の産物だ。値の個数が増えれば、c_likeは小さくなり、極限では、もしp_correctが連続値なら、c_likeはゼロになる。したがって、私は、c_likeを丸め誤差の一種として扱い、a_likeとb_likeとに均等に分割する。

TopLevelを作成して更新するコードは次のようになる。

```
exam = Exam()
a_sat = Sat(exam, 780)
b_sat = Sat(exam, 740)

top = TopLevel('AB')
top.Update((a_sat, b_sat))
top.Print()
```

Aの尤度は0.79で、Bの尤度は0.21である。尤度比（ベイズ因子）は3.8で、この試験成績は、SAT問題の解答においてアリスの方がボブより優れているという根拠になることを意味する。試験の成績を確認する前に、AとBとは同程度の機会があると信じていたとすれば、得点を見た後で、Aの確率が79%と信じるようになったわけで、これは、実際にはボブのほうがふさわしいという確率がまだ21%あることを意味する。

12.5 よりよいモデル

ここまで行った分析が、すべてのSAT問題は同じ難易度だという単純化に基づいていたことを思い出してほしい。実際には、難易度にはばらつきがあり、それは、アリスとボブとの差異がもっと小さい可能性を示唆する。

しかし、モデル化による誤差はどの程度大きいのだろうか。もし小さいのなら、最初のモデル、すべての問題が同じ難易度だという単純化に基づく、で十分だ。誤差が大きいなら、よりよいモデルが必要だ。

次節以降で、よりよいモデルを開発し、モデル化の誤差が小さくなることを発見（ネタバレ！）する。したがって、あなたが単純なモデルで満足しているなら次章へ飛ばしても構わない。より現実的なモデルがどのように振る舞うのか確認したいなら、続けて読んでほしい。

- 各受験者に、SAT問題への解答能力を測ったefficacy（効力）があると仮定する。
- 各問題には、difficulty（難易度）があると仮定する。
- 最後に、受験者が問題に正答する機会は、次の関数にあるようにefficacyとdifficultyに依存すると仮定する。

```
def ProbCorrect(efficacy, difficulty, a=1):
    return 1 / (1 + math.exp(-a * (efficacy - difficulty)))
```

この関数は、**項目応答理論**（item response theory：IRT）、http://en.wikipedia.org/wiki/Item_response_theoryを読むとよい[*1]、で使われる曲線を単純化したものである。efficacyとdifficultyは同じ尺度であると考えられ、問題を正答する確率は、それらの差にのみ依存すると考えられる。

もし、efficacyとdifficultyが等しいなら、正答確率は50%である。efficacyが増えると、確率は100%に近づく。減ると（あるいはdifficultyが増えると）確率は0%に近づく。

受験者に対するefficacyの分布と、問題に対するdifficultyの分布とが与えられれば、基本得点の期待分布を計算することができる。それを2ステップで行ってみる。最初に、与えられたefficacyの人について、基本得点の分布を計算する。

[*1] 訳注：日本語版は、http://ja.wikipedia.org/wiki/項目応答理論

最初に、与えられたefficacyの人について、基本得点の分布を計算する。

```
def PmfCorrect(efficacy, difficulties):
    pmf0 = thinkbayes.Pmf([0])

    ps = [ProbCorrect(efficacy, diff) for diff in difficulties]
    pmfs = [BinaryPmf(p) for p in ps]
    dist = sum(pmfs, pmf0)
    return dist
```

difficultiesは各問題に対する難易度difficultyのリストである。psは確率のリスト、pmfsは二値Pmfオブジェクトのリストである。それを作る関数は次のようになる。

```
def BinaryPmf(p):
    pmf = thinkbayes.Pmf()
    pmf.Set(1, p)
    pmf.Set(0, 1-p)
    return pmf
```

distはこれらPmfの和である。「5.4 加数」での、Pmfオブジェクトを足し合わせると、結果は和の分布になったことを思い出そう。Pythonのsumを使ってPmfを足し合わせるには、Pmfの素性 (indentity) であるpmf0を提供しなければならない。ここで、pmf + pmf0は常にpmfである。

受験者の効力がわかれば、基本得点の分布を計算できる。効力が異なる人々のグループに対しては、結果的に、基本得点の分布は混合となる。それを計算するコードは次のようになる。

```
# class Exam:

    def MakeRawScoreDist(self, efficacies):
        pmfs = thinkbayes.Pmf()
        for efficacy, prob in efficacies.Items():
            scores = PmfCorrect(efficacy, self.difficulties)
            pmfs.Set(scores, prob)

        mix = thinkbayes.MakeMixture(pmfs)
        return mix
```

MakeRawScoreDisttは、受験者の効力の分布を表現するPmfであるefficaciesを取る。それが、平均が0、標準偏差が1.5の正規分布だと仮定している。この選択はまったく勝手なものだ。正解を得る確率が、効力と難易度との差に依存しているので、

効力の単位をまず適当に選んで、それから、難易度の単位をそれに合うように調整（calibrate）[1]できる。

pmfsは、効力の各レベルに1つのPmfを含み、そのレベルの受験者のグループを対応させるメタPmfである。MakeMixtureはメタpmfを取って、その混合の分布を計算する（「5.6 混合」参照）。

12.6 調整（calibration）

難易度の分布が与えられれば、MakeRawScoreDisttを使って基本得点の分布を計算できる。しかし、私たちの問題は逆で、基本得点の分布が与えられて、難易度の分布を推測したいのだ。

難易度の分布がcenterとwidthというパラメータに関して一様だと仮定した。MakeDifficultiesは、このパラメータを持つ難易度のリストを作る。

```
def MakeDifficulties(center, width, n):
    low, high = center-width, center+width
    return numpy.linspace(low, high, n)
```

いくつかの組み合わせを試すことによって、center=-0.05、width=1.8にすると、図12-3に示されるように、基本得点の分布が実際のデータに近くなることを確認した。

---

[1] 訳注：技術用語としては、「較正」という漢字を当てる。「キャリブレーション」というカタカナ語の方が一般的になっているかもしれない。

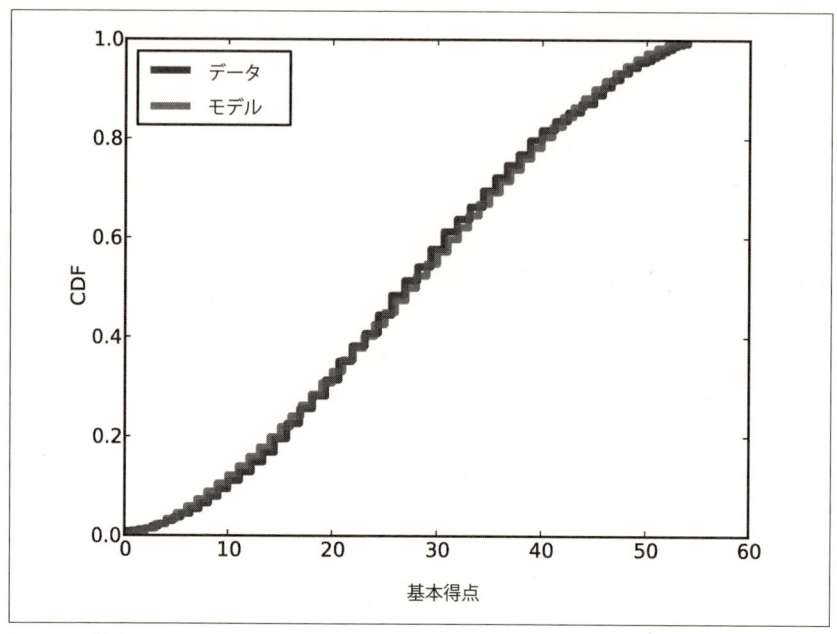

図12-3 基本得点の実際の分布とそれに合うモデル

したがって、難易度の分布が一様であると仮定すれば、その範囲は、効力が平均0、標準偏差1.5の正規分布に基づき、−1.85から1.75になる。

次の表は、さまざまな効力レベルの受験者に対するProbCorrectの範囲を示す。

効力	難易度		
	−1.85	−0.05	1.75
3.00	0.99	0.95	0.78
1.50	0.97	0.82	0.44
0.00	0.86	0.51	0.15
−1.50	0.59	0.19	0.04
−3.00	0.24	0.05	0.01

効力3(平均から標準偏差2つ分上方)の人は、試験で最もやさしい問題を99%の確率で正答し、最も難しい問題を78%の確率で正答する。反対に平均から標準偏差2つ分下方の人は、最もやさしい問題でも24%の確率でしか正答できない。

12.7 効力の事後確率分布

モデルの調整が済んだので、アリスとボブの効力の事後確率分布を計算できる。新しいモデルを使ったSATスイートのクラスは次のようになる。

```
class Sat2(thinkbayes.Suite):

    def __init__(self, exam, score):
        self.exam = exam
        self.score = score

        # start with the Gaussian prior
        efficacies = thinkbayes.MakeGaussianPmf(0, 1.5, 3)
        thinkbayes.Suite.__init__(self, efficacies)

        # update based on an exam score
        self.Update(score)
```

UpdaeはLikelihoodを呼び出し、効力の仮説におけるレベルに対して与えられた試験得点の尤度を計算する。

```
    def Likelihood(self, data, hypo):
        efficacy = hypo
        score = data
        raw = self.exam.Reverse(score)

        pmf = self.exam.PmfCorrect(efficacy)
        like = pmf.Prob(raw)
        return like
```

pmfは与えられた効力の受験者の基本得点の分布、likeは観察された得点の確率である。

図12-4は、アリスとボブの効力の事後確率分布を示す。思っていた通り、アリスの分布の位置は右に寄っているが、若干の重複もやはり残っている。

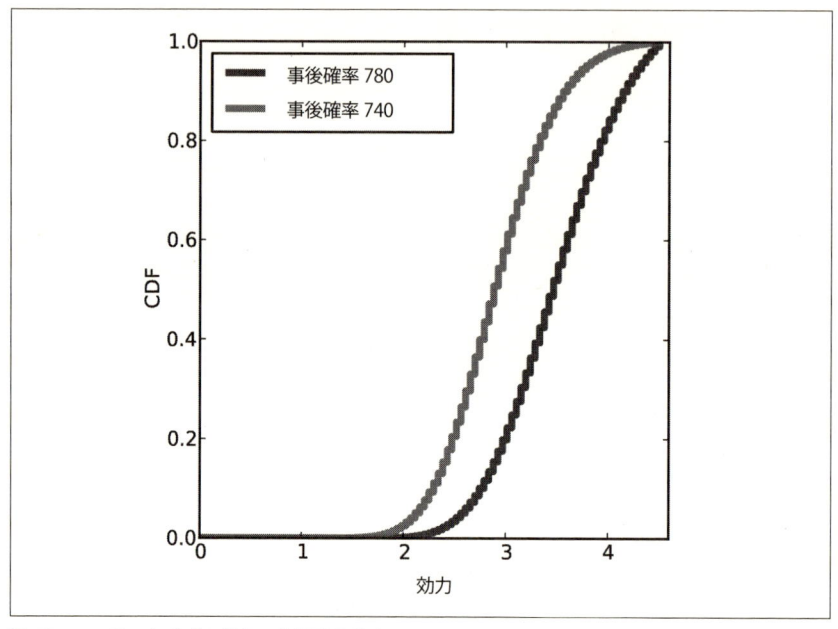

図12-4 アリスとボブの効力の事後確率分布

TopLevelを使うことにより、再度、アリスの効力の方が高いという仮説Aとボブの効力の方が高いという仮説Bとを比較する。尤度比は3.4であり、単純なモデルで得た値（3.8）より少し小さい。したがって、このモデルは、データがAを支持するものであることを示すが、前の推定よりも若干弱い。

もし、私たちの事前信念がAもBも同じようなものであれば、この証拠は、Aの事後確率を77%にして、ボブの効力の方が高いという機会を23%残す。

12.8　予測分布

ここまでの分析では、アリスとボブの効力の推定を生成してきたが、効力は直接観察できるものではないから結果の検証は難しい。

モデルに予測能力を与えれば、それを使って次のような関連質問に答えられる。「アリスとボブがSATの数学の試験を再度受けたとしたら、アリスの点数のほうが高くなる機会はどの程度だろうか？」

この問題に、次の2ステップで答えよう。

- 効力の事後確率分布を使って、各受験者の基本得点の予測分布 (predictive distribution) を生成する。
- 2つの予測分布を比較することにより、アリスが再度より高い点数を取る確率を計算する。

必要なコードのほとんどはすでに書いている。予測分布の計算には、MakeRawScoreDist を再び使うことができる。

```
exam = Exam()
a_sat = Sat(exam, 780)
b_sat = Sat(exam, 740)

a_pred = exam.MakeRawScoreDist(a_sat)
b_pred = exam.MakeRawScoreDist(b_sat)
```

そうすると、2番目の試験でアリスの方がよい点を取る機会、ボブの方がよい機会、あるいは、同点の機会を次のように見出すことができる。

```
a_like = thinkbayes.PmfProbGreater(a_pred, b_pred)
b_like = thinkbayes.PmfProbLess(a_pred, b_pred)
c_like = thinkbayes.PmfProbEqual(a_pred, b_pred)
```

アリスが、2度目の試験でボブより高い点を取る確率は63%で、それは、ボブが同じ、またはより高い点数を取る機会が37%であることを意味する。

アリスの効力についての確信度の方が、次の試験の結果についての確信度より高いことに注意せよ。事後確率オッズは、アリスの効力のほうが高いことについては3:1で、次の試験でアリスの点数が高いことについては、2:1でしかない。

12.9 議論

本章は、「アリスの方がボブよりもふさわしいという証拠の強さはどの程度か?」という質問で始めた。表面的には、アリスの方がふさわしいか、それとも、ボブの方がふさわしいかという2つの仮説を検定しようとしているように見える。

しかし、これらの仮説の尤度を計算するには、推定問題を解かねばならない。それぞれの受験者について、p_correct または efficacy の事後確率分布を探さなければな

らない。

このような値は、**撹乱母数**（nuisance parameters）と呼ばれる。その理由は、それらが何かについて直接の興味はないのだが、質問に答えるためには、それらを推定しなければならないからである。

本章で行った分析を可視化するには、これらのパラメータの空間をグラフにするという方法がある。thinkbayes.MakeJointは2つのPmfを取って、そのジョイント分布を計算し、可能な値対とその確率のジョイントpmfを返す。

```
def MakeJoint(pmf1, pmf2):
    joint = Joint()
    for v1, p1 in pmf1.Items():
        for v2, p2 in pmf2.Items():
            joint.Set((v1, v2), p1 * p2)
    return joint
```

この関数では、2つの分布が独立だと仮定している。

図12-5は、アリスとボブのp_correctのジョイント事後確率分布を示す。対角線方

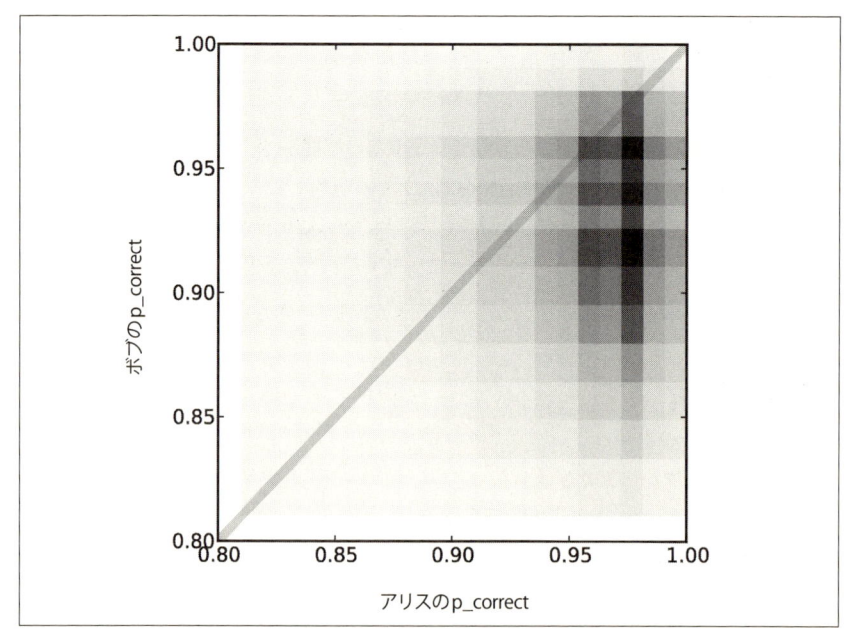

図 12-5　アリスとボブのp_correctのジョイント事後確率分布

向の直線は、アリスとボブの`p_correct`が同じ空間部分を示す。この直線の右側にアリスの方がよりふさわしいという部分、左側にボブの方がよりふさわしいという部分がある。

`TopLevel.Update`では、AとBの尤度を計算したときに、この直線の両側の確率質量を足し合わせた。直線上にあったものは、全体質量を計算した後で、AとBとに分割した。

本章で用いたプロセス——競合する仮説の尤度を評価するために撹乱母数を推定する——は、このような問題に対するベイズ方式として一般的なものである。

13章
シミュレーション

本章では、腎腫瘍の患者から出された問題に対する私の解を述べる。この問題は重要で、このような腫瘍の患者や治療に当たる医師に参考になると思う。

また、この解は、問題に対するベイズ解法だが、ベイズ定理の使用は明示的でないことからも興味深いものだと思う。解法とコードを示し、本章の最後でベイズ部分について説明する。

ここで示したもの以上の技術的な詳細を知りたいなら、これについての私の論文を読むことができる [Downey 12a]。

13.1 腎腫瘍問題

私は、http://reddit.com/r/statistics というオンライン統計フォーラムの読者で、時々投稿もしている。2011年11月に次のようなメッセージがあった。

> 「私は腎臓癌の第4期で、この癌が軍を退役する前にできたものかを知りたい。…退役した日付と癌が見つかった日付とから、その病気にかかった可能性が50/50になる時期を決めることは可能だろうか。退役した日の罹病確率を求めることは可能だろうか。私の腫瘍は、発見時 15.5 cm × 15 cm、グレード2だった。」

私はメッセージを書いた人にコンタクトして、詳細を得た。退役軍人は、(他にも考慮されることがあるが)「どちらかと言えば (more likely than not)」軍役に服していたときに癌にかかったと考えられるのであれば、さまざまな便益を得られることを知った。

腎腫瘍 (renal tumor) はゆっくりと成長し、症候が出ないことが多いので、何の治療も施されないことが多い。結果的に、医師は手当されなかった腫瘍の成長率を、同じ

患者の異なった時期のスキャン画像を比較して求める。この成長率についての論文はいくつか報告されている。

私はZhangらの論文 [Zhang 09] からデータを集めた。元のデータが得られないかと著者らに連絡したのだが、医療プライバシーを理由に断られた。それでも、論文のグラフを印刷して、物差しで測って必要なデータを抜き出すことができた。

彼らは、1年間で倍になるのを単位とした、回帰倍増時間（reciprocal doubling time、RDT）で成長率を報告していた。RDT = 1の腫瘍は、毎年量が倍になり、RDT = 2なら、同じ期間に4倍、RDT = −1なら、半分になる。図13-1は、53人の患者のRDTの分布を示す。

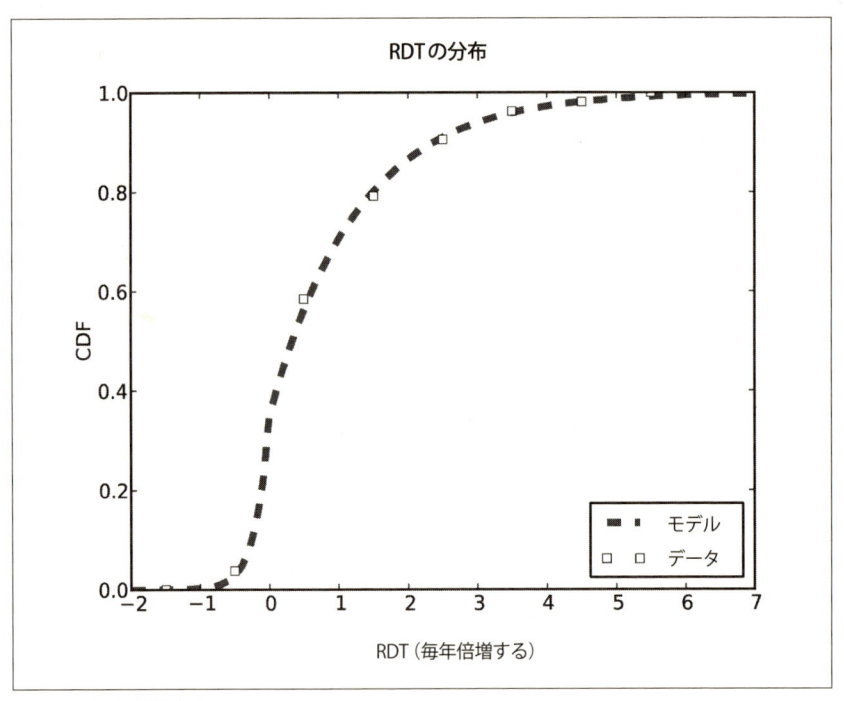

図 13-1　毎年倍増するRDTのCDF

四角は論文にあったデータ、点線は、私がデータに合わせたて作ったモデルである。正方向の終端は、指数分布によく合うので、2つの指数分布を混合した。

13.2 単純なモデル

より挑戦的なことを試みる前に、単純なモデルから始めるのが通例だ。当面の問題に対しては単純なモデルで十分なこともあり、そうでない場合も、単純なモデルを使って、より複雑なモデルを検証することができる。

単純なモデルでは、腫瘍が一定の倍増時間で成長し、最大の径が2倍になると体積が8倍になることから、3次元的であると仮定した。

メッセージを寄せた人から、彼が軍を退役したときから診断までには、3291日（約9年）あったことを知った。したがって、「この腫瘍が普通に成長したのなら、退役した日にはどれぐらいの大きさだったか」を最初に計算する。

Zhangらの報告によれば、体積倍増時間の中央値は、811日である。3次元幾何学から、径の測定値の倍増時間は、3倍長くなる。

```
#軍を退役したときと、診断との期間、日単位
interval = 3291.0

#径の測定値の倍増時間は体積の倍増時間 * 3
dt = 811.0 * 3

# 退役してからの倍増の回数
doublings = interval / dt

# 退役時の腫瘍の大きさ (直径のcm)
d1 = 15.5
d0 = d1 / 2.0 ** doublings
```

本章のコードは、http://thinkbayes.com/kidney.pyからダウンロードできる。詳細については、まえがきの「コードについて」(ixページ)を参照のこと。

結果のd0は、約6 cmとなるので、もし、この腫瘍が退役後にできたものとすれば、普通の成長率よりもかなり早く成長したことになる。したがって、この腫瘍が「どちらかと言えば」退役前にできたと結論した。

さらに、この腫瘍が退役後できたことを仮定した成長率を計算した。初期サイズを0.1 cmと仮定すれば、最終的なサイズが15.5 cmになる倍増回数を計算する。

```
# 初期の径測定値を 0.1 cmと仮定
d0 = 0.1
d1 = 15.5
```

```
# d0 からd1 に何回倍増が必要か
doublings = log2(d1 / d0)

# これから倍増時間はどうなるか
dt = interval / doublings

# 体積倍増時間とRDTを計算する
vdt = dt / 3
rdt = 365 / vdt
```

dtは径倍増時間、vdtは体積倍増時間、rdtは回帰倍増時間である。

径測定における倍増の回数は、7.3なので、RDTは2.4ということになる。Zhang等のデータから、観察期間に20％の腫瘍だけが、このような速さで成長した。したがって、再度、「どちらかと言えば」腫瘍が退役時より前にできたと結論できる。

この計算で、元の質問に答えるには十分であり、メッセージを書いた人のために、退役軍人給付管理局（Veterans Benefits Administration）に私の結論を説明した手紙を送った。

後になって、腫瘍学者である友達にこの結果の話をした。Zhangらが成長率を観察し、それが腫瘍の年齢を意味することについて驚き、結果は研究者や医者にとって興味深いものだと言った。

これらを有用なものとするために、私は、年齢とサイズの関係についてより一般的なモデルを作りたいと思った。

13.3 より一般的なモデル

診断時に腫瘍のサイズが与えられたとき、ある日付の前にその腫瘍ができた確率、言い換えれば、腫瘍年齢の分布を知ることができれば有用だろう。

それを探すために、腫瘍成長のシミュレーションを実行し、年齢ごとにサイズの分布を得た。次に、ベイズ方式を用いて、サイズごとの年齢の分布を得た。

シミュレーションは、小さな腫瘍から始めて、次のようなステップを取る。

1. RDTの分布から成長率を選ぶ。
2. 期間の最後の腫瘍のサイズを計算する。
3. 各期間に腫瘍のサイズを記録する。
4. 腫瘍が最大妥当サイズに達するまで繰り返す。

初期サイズとしては0.3 cmを選んだ。それより小さな癌腫は、侵襲性なければ、急速な成長に必要な血液供給も得られないからである（http://en.wikipedia.org/wiki/Carcinoma_in_situ 参照）。

データから診断の期間の中央値を調べ、期間として245日（約8ヶ月）を選んだ。

最大サイズは20 cmを選んだ。データでは観察されたサイズの範囲は、1.0から12.0 cmなので、観察範囲を超えて両側に外挿したことになるが、そんなに極端ではないし、結果に強く影響することはほとんどない。

シミュレーションは大胆な単純化に基づく。つまり、成長率は各期間で独立に選択され、その前の期間の年齢、サイズ、成長率に依存しないことに基づく。

これらの仮説を「13.7 系列相関」節で検討して、より詳細なモデルを考慮する。まずは、いくつかの例を紹介しよう。

図13-2に年齢の関数としてシミュレーションした腫瘍のサイズを示す。10 cmのところの点線は、そのサイズでの年齢の範囲を示す。最速成長腫瘍は、8年でそのサイズに達する。一番遅いものは35年かかる。

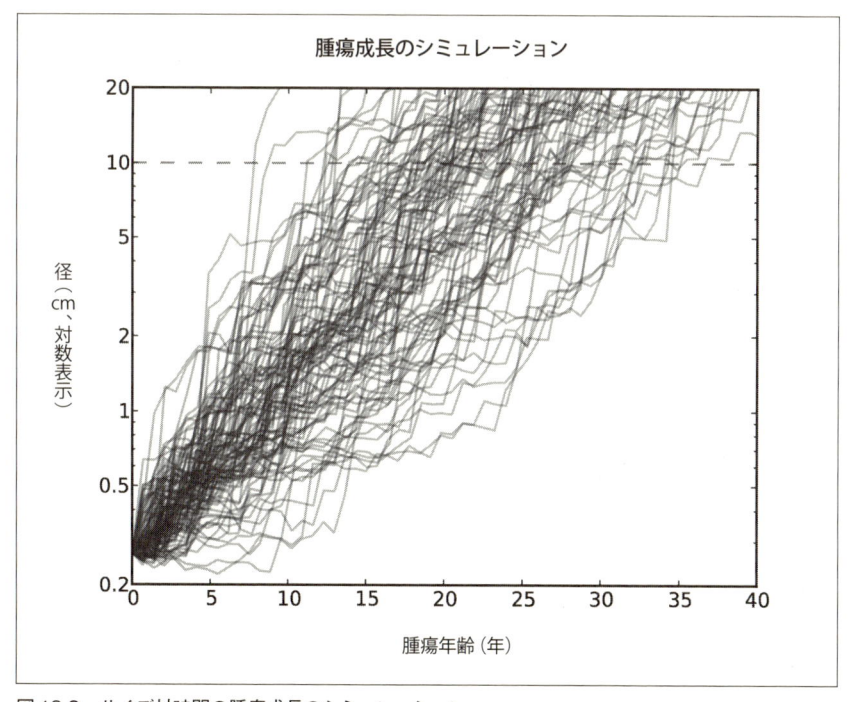

図 13-2　サイズ対時間の腫瘍成長のシミュレーション

結果を径の測定値で示しているが、計算は体積について行った。相互の変換には、与えられた径の球の体積を用いた。

13.4 実装

シミュレーションの核心部分は次のようになる。

```
def MakeSequence(rdt_seq, v0=0.01, interval=0.67, vmax=Volume(20.0)):
    seq = v0,
    age = 0

    for rdt in rdt_seq:
        age += interval
        final, seq = ExtendSequence(age, seq, rdt, interval)
        if final > vmax:
            break

    return seq
```

rdt_seqはイテレータ(iterator)で、成長率のCDFからランダムに値を取り出す。v0はml(ミリリットル)単位の初期体積、intervalは年単位を1ステップとした期間、vmaxは径の測定で20 cmに相当する最終体積である。

Volumeは腫瘍が球形であるという単純化に基づいて、cmでの径測定の値をmlでの体積に変換する。

```
def Volume(diameter, factor=4*math.pi/3):
    return factor * (diameter/2.0)**3
```

ExtendSequenceは期間の最後での腫瘍の体積を計算する。

```
def ExtendSequence(age, seq, rdt, interval):
    initial = seq[-1]
    doublings = rdt * interval
    final = initial * 2**doublings
    new_seq = seq + (final,)
    cache.Add(age, new_seq, rdt)

    return final, new_seq
```

ageは期間の最後での腫瘍の年齢、seqはこれまでの体積を含む組(tuple)、rdtは1年間の倍増率で測った期間成長率、intervalはステップの期間を年単位で示す。

返却値は、期間の最後での腫瘍の体積であるfinalと、seqの体積の組に新たにfinalの体積を追加した新しい組new_seqとである。

Cache.Addは、次節で説明するように、各期間の最後での腫瘍の年齢とサイズとを記録する。

13.5　ジョイント分布を記録する

cacheの振る舞いは次のようになる。

```
class Cache(object):

    def __init__(self):
        self.joint = thinkbayes.Joint()
```

jointは年齢−サイズの各対の頻度を記録するジョイントPmfであり、年齢とサイズとのジョイント分布を近似する。

シミュレーションの各期間で、ExtendSequenceがAddを呼び出す。

```
# class Cache

    def Add(self, age, seq):
        final = seq[-1]
        cm = Diameter(final)
        bucket = round(CmToBucket(cm))
        self.joint.Incr((age, bucket))
```

ここでも、ageは腫瘍の年齢、seqはこれまでの体積の列である。

ジョイント分布に新しいデータを付け加える前に、Diameterを使って、体積をcm単位の径に変換する。

```
    def Diameter(volume, factor=3/math.pi/4, exp=1/3.0):
        return 2 * (factor * volume) ** exp
```

そして、CmToBucketで、cmから離散バケット番号に変換する[1]。

```
    def CmToBucket(x, factor=10):
        return factor * math.log(x)
```

---

[1] 訳注：バケット (bucket) とは、連続的に分布した値などを、まとめて、離散的に扱うための処理単位。日本語の「バケツ」と同じ意味。バケット・ソートなど、技術用語としてよく用いる。

バケットは対数目盛りで一様に置かれる。factor=10を使うと、妥当なバケット番号が得られる。例えば、1 cmがバケット0に、10 cmがバケット23に対応する[*1]。

シミュレーションを走らせた後で、ジョイント分布を色付けしてグラフ化できる。それは、各セルがサイズ−年齢対で、観察された腫瘍の個数を表す。図13-3は1,000シミュレーション後のジョイント分布を示す。

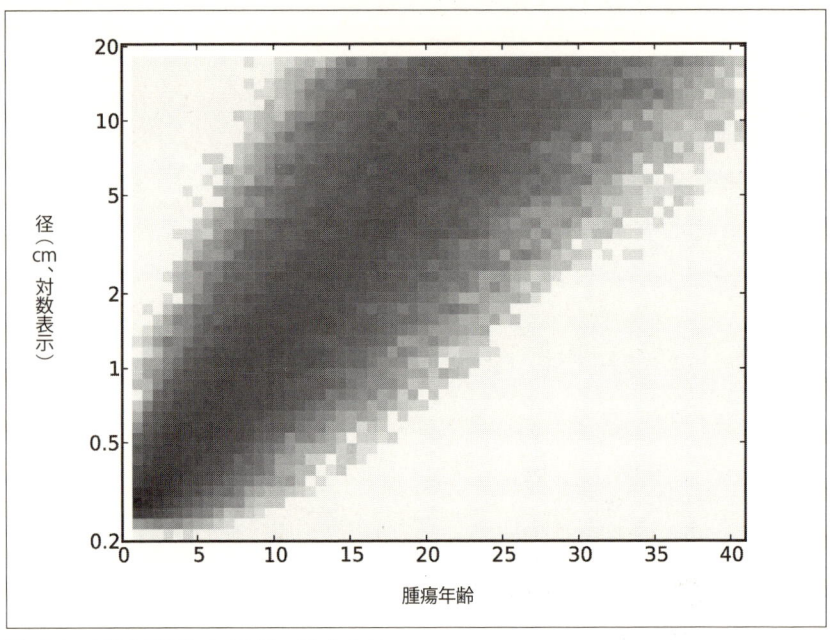

図13-3　年齢と腫瘍サイズのジョイント分布

13.6　条件付き分布

ジョイント分布の垂直切片を取ると、年齢に対するサイズの分布が得られる。水平切片を取ると、サイズを条件とした年齢の分布が得られる。

ジョイント分布を読み込んで、与えられたサイズの条件付き分布を構築するコードは次のようになる。

[*1] 訳注：1 cmより小さいものには、負のバケット番号が割り当てられる。

```
# class Cache

    def ConditionalCdf(self, bucket):
        pmf = self.joint.Conditional(0, 1, bucket)
        cdf = pmf.MakeCdf()
        return cdf
```

bucketは腫瘍サイズに対応するバケットの整数の番号である。Joint.Conditionalはbucketを条件とした年齢のPMFを計算する。全体の結果は、bucketを条件とした年齢のCDFである。

図13-4はある範囲のサイズについて、いくつかのCDFを示す。これらの分布をまとめることによって、サイズに応じた百分位を計算できる。

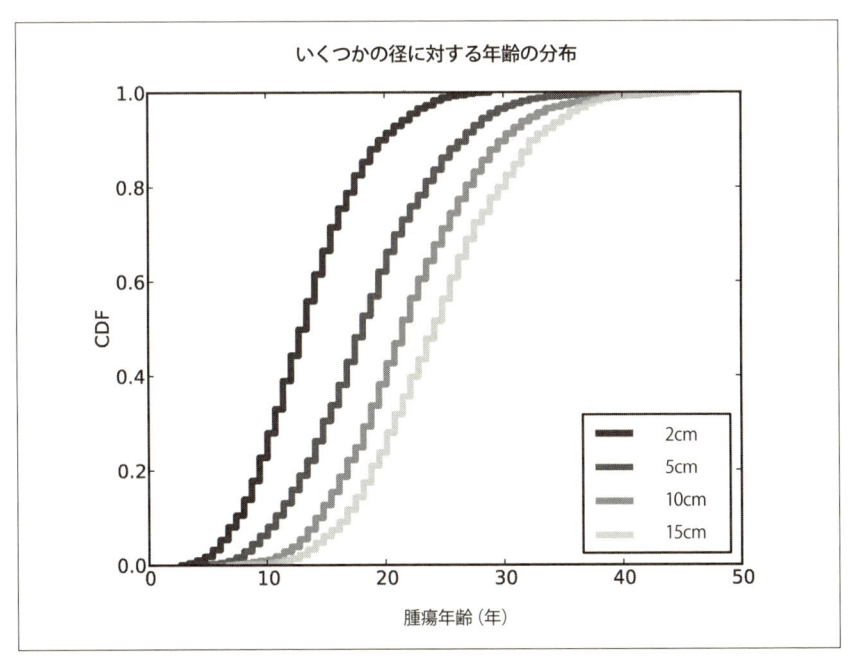

図 13-4　サイズを条件とした年齢の分布

```
percentiles = [95, 75, 50, 25, 5]

for bucket in cache.GetBuckets():
    cdf = ConditionalCdf(bucket)
    ps = [cdf.Percentile(p) for p in percentiles]
```

図 13-5 はサイズのバケットごとに％を示したものである。データ点は推定ジョイント分布から計算した。モデルでは、サイズと時間は離散値で、数値誤差が出るので、各百分位について最小二乗適合 (least squares fit) の線も示しておいた。

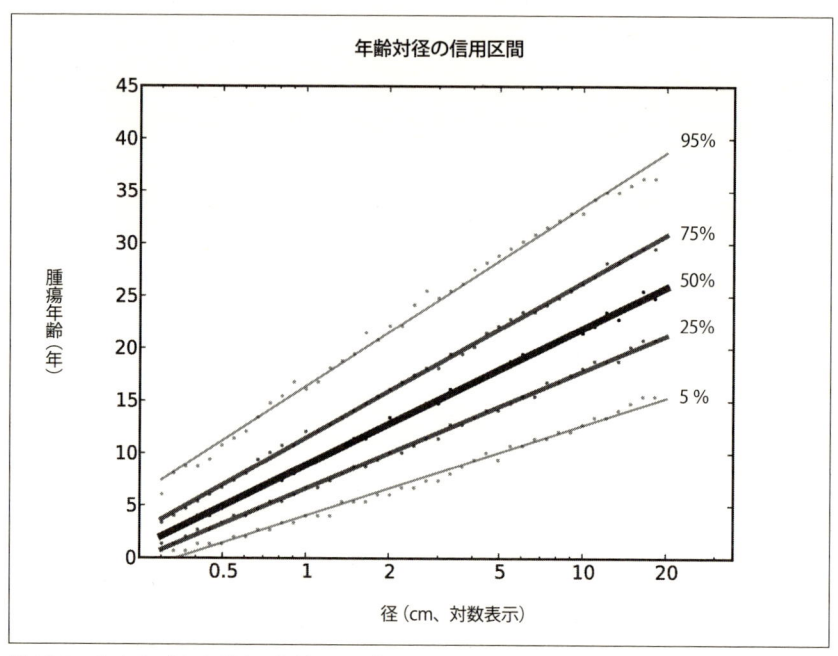

図 13-5 サイズに応じた腫瘍の年齢の百分位

13.7 系列相関

これまでの結果は、いくつものモデル化に伴う決定に基づいている。それらを復習して、どれが最も誤差に影響するか検討しよう。

- 径の測定値を体積に変換するのに、腫瘍がほぼ球形であると仮定した。この仮定は、2、3 センチまでの腫瘍についてはおそらく構わないが、とても大きな腫瘍については当てはまらない。
- シミュレーションでの成長率の分布は、53 人の患者をもとにした Zhang らの報告のデータに合うように選んだ連続モデルに基づいている。この適合は近似的でし

かない。より大事なことは、サンプル数が多くなると、分布が異なるかもしれないことである。
- 成長モデルは、腫瘍の型やグレードを考慮していない。この仮定は、Zhangらの次のような結論から来ている。「さまざまなサイズ、型、グレードの腎腫瘍の成長率は、広範囲にわたっており、かなり重複している。」より大きなサンプルでは、差異が明らかになるかもしれない。
- 成長率の分布は腫瘍のサイズに依存しない。この仮定は、非常に小さい腫瘍や、成長が血液供給に制限される非常に大きい腫瘍には、現実的でないかもしれない。しかし、Zhangらが観察した腫瘍は、1から12 cmの範囲であり、サイズと成長率の間に統計的に有意な関係は見られていなかった。したがって、関係があるとしても、少なくともこの範囲では、弱いものだろう。
- シミュレーションにおいて、各期間の成長率は、以前の成長率と独立である。現実には、過去において急速に成長した腫瘍は、急速に成長し続ける可能性もありそうだ。言い換えると、成長率には、おそらく系列相関(serial correlation)がある。

これらの中では、最初と最後が最も問題になる。最初に、系列相関を検討して、それから、球体幾何に戻ろう。

相関的成長をシミュレーションするために、与えられたCdfから相関系列を生成するジェネレーターを[*1]書いた。アルゴリズムは、次のように働く。

1. 正規分布から相関値を生成する。前の値を条件として次の値の分布を計算できるので、これはたやすい。
2. 各値を正規分布CDEを用いて、累積確率に変換する。
3. 各累積確率を与えられたCdfを用いて対応する値に変換する。

コードでは、次のようになる。

```
def CorrelatedGenerator(cdf, rho):
    x = random.gauss(0, 1)
    yield Transform(x)
```

[*1] 原注:Pythonのジェネレーターに詳しくないなら、http://wiki.python.org/moin/Generatorsを参照せよ。

```
        sigma = math.sqrt(1 - rho**2);
        while True:
            x = random.gauss(x * rho, sigma)
            yield Transform(x)
```

cdfが望んでいたCdfである。rhoは望んでいた相関。xの値は正規分布。Transformは望んでいた分布に変換する。

xの最初の値は、平均が0、標準偏差が1の正規分布である。その後に引き続く値については、平均と標準偏差とがその前の値に依存する。前のxが与えられると、次の値はx * rho、偏差は1-rho**2になる。

Transformは、正規分布の各値xを与えられたCdfの各値に対応させる。

```
    def Transform(x):
        p = thinkbayes.GaussianCdf(x)
        y = cdf.Value(p)
        return y
```

GaussianCdfは、xで標準的正規分布のCDFを計算し、累積確率を返す。Cdf.Valueは、累積確率をcdfの対応する値へ対応付ける。

cdfの形に依存するが、変換で情報が失われることがあるので、実際の相関は、rhoより低い可能性がある。例えば、私は、rho=0.4で成長率の分布から10,000の値を生成したが、実際の相関は0.37だった。正しい相関を推測しようとしていただけなので、それでも十分近い値だった。

MakeSequenceは、イテレータを引数として取る。そのインターフェイスは、さまざまなジェネレーターで動作できるようになっている。

```
    iterator = UncorrelatedGenerator(cdf)
    seq1 = MakeSequence(iterator)

    iterator = CorrelatedGenerator(cdf, rho)
    seq2 = MakeSequence(iterator)
```

この例では、seq1とseq2が同じ分布から取り出されているが、seq1の値には相関がなく、seq2は、近似的にrhoの係数に相関している。

ここで、系列相関が結果にどのような影響を及ぼすかを確認することができる。次の表は、6 cmの腫瘍の年齢の百分位を、相関なしのジェネレーターと ρ=0.4の相関ありジェネレーターを使って示す。

表 13-1　サイズを条件とした腫瘍年齢の百分位

系列相関	直径 (cm)	年齢の百分位				
相関 (cm)		5%	25%	50%	75%	95%
0.0	6.0	10.7	15.4	19.5	23.5	30.2
0.4	6.0	9.4	15.4	20.8	26.2	36.9

相関は、成長の速い腫瘍をより速くして、遅い腫瘍の成長をより遅くするので、年齢の幅がより広くなる。百分位の低いところでは、相違は目立たないが、95百分位では、6年以上になる。これらの百分位を適切に計算するには、実際の系列相関をよりよく推定する必要がある。

しかし、当初の質問、径の大きさが15.5 cmの腫瘍があったとき、それが8年以上前にできた確率はどうか、に答えるにはこのモデルでも十分だ。

コードは次のようになる。

```
# class Cache

    def ProbOlder(self, cm, age):
        bucket = CmToBucket(cm)
        cdf = self.ConditionalCdf(bucket)
        p = cdf.Prob(age)
        return 1-p
```

cmは腫瘍のサイズ、ageは年単位の年齢のしきい値である。ProbOlderはサイズをバケット番号に変換し、バケットを条件とする年齢のCdfを得て、年齢が与えられた値を超える確率を計算する。

系列相関がなければ、15.5 cmの腫瘍が8年より古い確率は0.999で、ほとんど確実である。相関0.4だと、高成長腫瘍の可能性が高いが、確率は0.995もある。相関が0.8でも、確率は0.978である。

もう1つの誤差の源は、腫瘍が近似的に球形であるという仮定である。線形次元が15.5×15 cmの腫瘍には、この仮定はおそらく正しくない。もしも、腫瘍が比較的に平べったいものとすれば、それは大いにありそうだが、径6 cmの球形と同じ体積を持つ。このような少ない体積と相関0.8でも、年齢が8年より古い確率は、なおも95%である。

したがって、モデル化の誤差を考慮しても、そのように大きな腫瘍が、診断の前の8年以内にできたという可能性は低い。

13.8 議論

さて、この章ではベイズ定理も、ベイズ更新をカプセル化したSuiteクラスも使わないで終わった。何があったのか。

ベイズ定理を考える1つの方法は、条件付き確率の逆を求めるアルゴリズムである。$p(B|A)$が与えられ、$p(A)$と$p(B)$を知っているならば、$p(A|B)$が計算できる。もちろん、このアルゴリズムは、何らかの理由で、$p(B|A)$のほうが$p(A|B)$より計算しやすいのでないと役に立たない。

この例の場合がそうである。シミュレーションを走らせて、年齢を条件としたサイズの分布、$p(size|age)$を推定できた。しかし、サイズを条件とした年齢の分布、$p(age|size)$を得るのはもっと難しい。したがって、これはベイズ定理を使う理想的な機会に見える。

私がそうしなかった理由は、計算効率にある。与えられた年齢について、$p(size|age)$を推定するには、たくさんシミュレーションを実行しなければならない。その上、多くのサイズについて、$p(age|size)$を計算する羽目になる。実際、結局は、サイズと年齢のジョイント分布全体、$p(size, age)$を計算することになる。

そして、ジョイント分布を計算したなら、ベイズ定理は必要なくて、ConditionalCdfで示したように、ジョイント分布の切片を取り出して$p(age|size)$を抽出できる。

したがって、ベイズを使わずに済ましたのだが、その精神は私たちのもとにずっとあったのだ。

14章
階層的モデル

14.1 ガイガーカウンター問題

http://maximum-entropy-blog.blogspot.com で Maximum Entropy というブログを書いている Tom Campbell-Ricketts から、私は次の問題のアイデアを得た。彼自身は、古典的な教科書「Probability Theory: The Logic of Science」[Jaynes 03] の著者 E.T. Jaynes から着想を得たのだ。

放射線源からガイガーカウンターに向けて素粒子が秒ごとに r 個放射されるが、カウンターには、当たる粒子のある割合 f しか記録されないものと仮定しよう。f が 10%で、1秒間にカウンターのレジスターに 15 個素粒子があったなら、実際にカウンターに当たった粒子の個数 n、放射される平均粒子数 r の事後確率分布はどうなるだろうか。

このような問題を手がけるため、システムのパラメータから始め、観察されたデータで終わる因果連鎖 (chain of causation) について、まず考えてみよう。

1. 放射線源は、平均 r の割合で素粒子を放射する。
2. 任意の時間の 1 秒間で、放射線源はガイガーカウンターに向かって n 個の素粒子を放射する。
3. この n 個の粒子の中で、ある個数 k だけがカウントされる。

放射性原子が崩壊する確率は、いつの時点でも同じなので、放射線崩壊は、ポワソン過程できちんとモデル化される。r が与えられれば、n の分布は、パラメータが r のポワソン分布となる。

各粒子の検出確率が、他とは独立であると仮定すれば、kの分布は、パラメータがnとfの二項分布になる。

システムのパラメータが与えられれば、データの分布がわかる。したがって、**順問題** (forward problem)[*1]と呼ばれるものを解くことができる。

さて、私たちは逆方向に進みたい。データが与えられて、パラメータの分布を求めたい。これは、**逆問題** (inverse problem) と呼ばれる。そして、順問題が解けるなら、ベイズ手法を使って、逆問題が解ける。

14.2　シンプルに始める

rの値がわかっているという単純な問題から始めよう。fの値が与えられていて、nを推定するだけでよいとする。

Detectorというスイートを定義して、検出器の振る舞いをモデル化して、nを推定する。

```
class Detector(thinkbayes.Suite):

    def __init__(self, r, f, high=500, step=1):
        pmf = thinkbayes.MakePoissonPmf(r, high, step=step)
        thinkbayes.Suite.__init__(self, pmf, name=r)
        self.r = r
        self.f = f
```

平均放射率が、秒間r粒子なら、nの分布は、パラメータがrのポワソン分布である。highとstepとは、nの上限と仮説値の間のステップサイズである。

次は、尤度関数が必要だ。

```
# class Detector

    def Likelihood(self, data, hypo):
        k = data
        n = hypo
        p = self.f

        return thinkbayes.EvalBinomialPmf(k, n, p)
```

[*1]　訳注：direct problemという名称も用いられる。原因から結果を推定する。逆問題は、結果から原因を推定するもので、inverse problemとかbackward problemと呼ばれる。

dataは、検出された粒子数、hypoは、仮説である放射粒子数nである。

実際にn個の素粒子があって、どれかを検出する確率がfであるなら、k個素粒子を検出する確率が二項分布で与えられる。

Detectorはこれでできた。ある範囲のrについて、試すことができる。

```
f = 0.1
k = 15

for r in [100, 250, 400]:
    suite = Detector(r, f, step=1)
    suite.Update(k)
    print suite.MaximumLikelihood()
```

図14-1は、3つのrの値について、nの事後確率分布を示す。

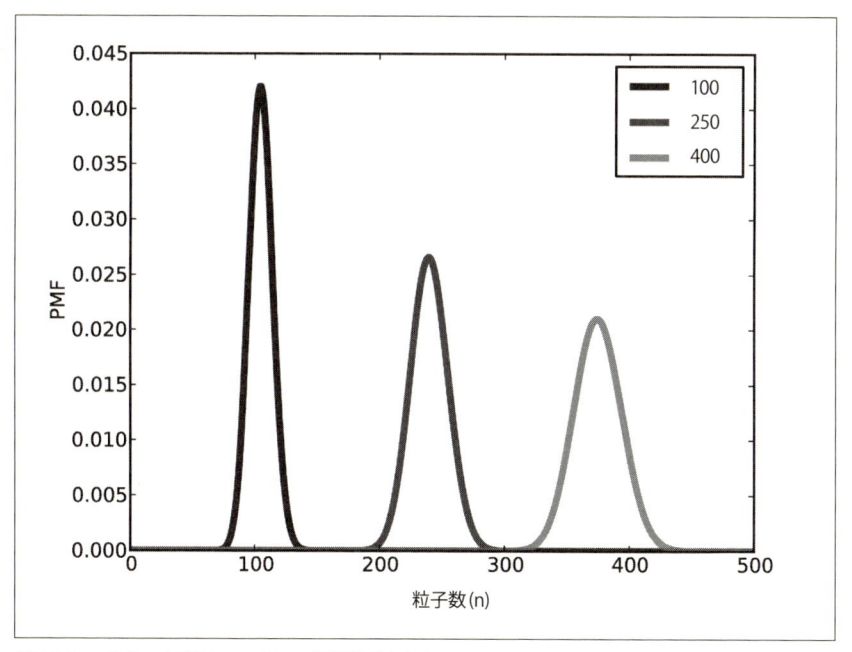

図14-1　rの3つの値についてのnの事後確率分布

14.3 階層化する

前節では、rが既知と仮定した。この仮定を緩めよう。Emitterと呼ぶ別のスイートを定義して、放射源の振る舞いをモデル化し、rを推定する。

```
class Emitter(thinkbayes.Suite):

    def __init__(self, rs, f=0.1):
        detectors = [Detector(r, f) for r in rs]
        thinkbayes.Suite.__init__(self, detectors)
```

rsは、rの仮説値の列、detectorsは、rの各値に対応するDetectorオブジェクトの列である。スイートの値がDetectorオブジェクトなので、Emitterは**メタスイート**(metaSuite)、すなわち値としてスイートを含むスイートとなる。

Emitterの更新には、rの各仮説値の下でデータの尤度を計算する必要がある。rの各値は、ある範囲のnの値を持つDetectorによって表される。

与えられたDetectorからデータの尤度を計算するには、nの値をループして調べながらkの全確率を足し合わせる。SuiteLikelihoodがそれを次のようにする。

```
# class Detector

    def SuiteLikelihood(self, data):
        total = 0
        for hypo, prob in self.Items():
            like = self.Likelihood(data, hypo)
            total += prob * like
        return total
```

ここで、Emitterの尤度関数Likelihoodを書ける。

```
# class Detector

    def Likelihood(self, data, hypo):
        detector = hypo
        like = detector.SuiteLikelihood(data)
        return like
```

各hypoはDetectorなので、SuiteLikelihoodを呼び出して、その仮説の下でのデータの尤度を得る。

Emitterの更新後、各Detectorも更新しなければならない。

```
# class Detector

    def Update(self, data):
        thinkbayes.Suite.Update(self, data)

        for detector in self.Values():
            detector.Update()
```

このように多層スイートを持つモデルは、**階層的** (hierarchical) と呼ばれる。

14.4　簡単な最適化

`SuiteLikelihood`を覚えているだろうか。「11.2　公正な比較を行う」ですでに登場している。そのとき、`SuiteLikelihood`で計算される全確率は`Update`で計算され返される正規化定数そのものなので、本当は必要ないと述べた。

したがって、`Emitter`の尤度として、`Emitter`を更新して、`Detector`をすべて更新しなくても、`Detector.Update`による結果を用いることによって、両方のステップを同時に済ますことができる。

`Emitter.Likelihood`の簡略化版は次のようになる。

```
# class Emitter

    def Likelihood(self, data, hypo):
        return hypo.Update(data)
```

`Likelihood`のこの版では、`Update`の暗黙の標準版を使えるので、コード数は少なくなり、正規化定数を二度も計算しないので、実行が速くなる。

14.5　事後確率を抽出する

`Emitter`を更新した後で、`Detector`の内容とその確率を見て回ることによって、事後確率分布を得ることができる。

```
# class Emitter

    def DistOfR(self):
        items = [(detector.r, prob) for detector, prob in self.Items()]
        return thinkbayes.MakePmfFromItems(items)
```

itemsは、rとその確率の値のリストである。結果は、rのPmfである。

nの事後確率分布を得るには、Detectorの混合を計算しなければならない。各分布にその確率を対応させるメタPmfを取るthinkbayes.MakeMixtureを使うことができる。

```
# class Emitter

    def DistOfN(self):
        return thinkbayes.MakeMixture(self)
```

図14-2に結果を示す。nの最も可能性の高い値が150というのは驚くべきことではないだろう。fとnが与えられると、期待カウントは、$k = fn$なので、与えられたfとkについて、nの期待値はk/fで、すなわち150となる。

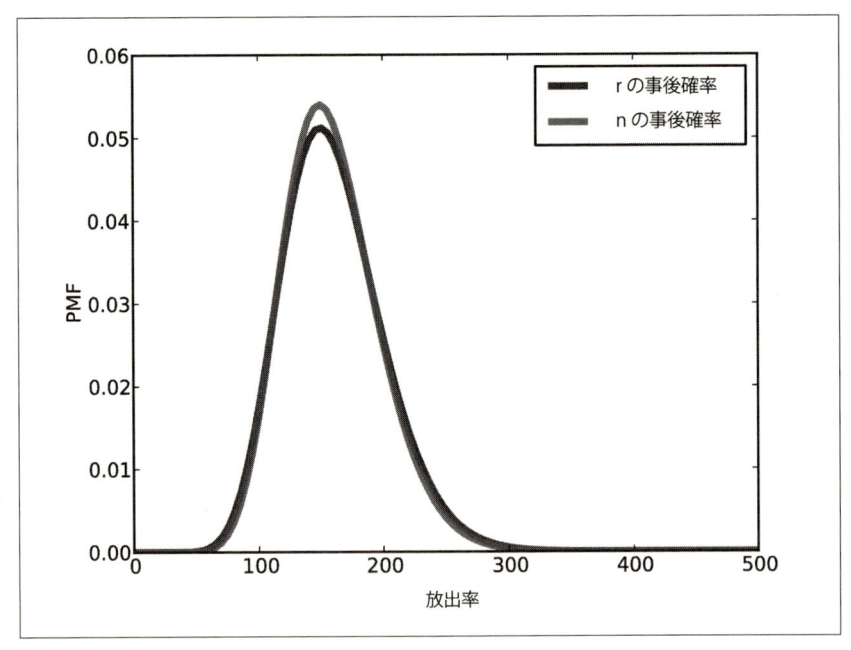

図 14-2　nとrの事後確率分布

1秒に150粒子が放射されるなら、rの最も可能性の高い値は、秒間150粒子である。したがって、rの事後確率分布も150を中央値とする。

rとnの事後確率分布は似ている。唯一、nについての確信度が劣るという違いがある。一般的に、特定の1秒間に放射される粒子数nについてよりは、より長期間の放射

率rについてのほうが確信度が高くなる。

本章のコードは、http://thinkbayes.com/jaynes.pyからダウンロードできる。詳細については、まえがきの「コードについて」(ixページ)を参照のこと。

14.6 議論

ガイガーカウンター問題は、因果関係と階層的モデル化との関連を示す。例題で、放射率 r は、粒子の個数 n に因果的影響を持ち、n は、粒子のカウント数 k に因果的影響を持った。

階層的モデルは、システムの構造を反映し、最上位の原因が最下位に影響を及ぼす。

1. 最上位では、r の仮説値の範囲から始める。
2. r の各値について、対応する範囲の n の値の、r に依存する n の事前確率分布がある。
3. モデル更新時、下から上に処理する。r の各値について n の事後確率分布を計算してから、r の事後確率分布を計算する。

したがって、因果情報は階層を下へと流れ、推論は上へと遡る。

14.7 練習問題

問題 14-1

この問題も [Jaynes 03] の例題にヒントを得た。

家の近くの蚊の密集度合いを下げるために、蚊取り罠を買ってきたものとしよう。毎週、蚊取り罠を空にして、捕まえた蚊の個数を数える。1週間後、30匹の蚊を捕まえた。第2週後は、20匹の蚊を捕まえた。あなたの敷地での蚊の個体数の変化パーセントを推定せよ。

この質問に答えるには、モデル化でいくつか決定しなければならないことがある。ヒントは次の通り。

- 毎週、家の傍の湿地で大量の N 匹の蚊が発生すると仮定する。
- 1週間の間に、その中の一部、f_1 が敷地に現れて、その中の一部 f_2 が罠にはまる。

- あなたの解は、1 週間で N がどれぐらい変わるかという事前信念を考慮に入れるべきだ。N の変化パーセントをモデル化する階層を付け加えればそれができる。

15章
次元を扱う

15.1 へそ細菌

へそ生物多様性2.0 (Belly Button Biodiversity 2.0：BBB2) は、ヒトのおへそにいる細菌の種類を探そうという全米市民科学プロジェクトである (http://www.yourwildlife.org/projects/belly-button-biodiversity/)[*1]。このプロジェクトは、滑稽に見えるかもしれないが、ヒトのミクロビオーム (microbiome)、ヒトの皮膚や体の部位に棲息する微生物群への関心の高まりを反映している。

BBB2の研究者たちは、予備調査において、60人のボランティアのおへそから、綿棒でスワップを採取して、(DNAポリメラーゼによる伸長反応を基本とした) 多重ピロシーケンスを用いて、16S rDNAのシーケンス断片の抽出を行い、断片の種を識別同定した。同定された断片は、「読まれた」(read) と呼ばれる。

このデータを使って、次のような関連質問に答えられる。

- 観察された種数に基づいて、この環境下での全種数を推定できるか。
- 各種について、占有率 (prevalence)、すなわち、全体の個数のうちその種がどの程度の割合か、を推定できるか。
- 追加のサンプル収集を計画しているとして、新種をいくつ見つけられると予測できるか。
- 観察された種の割合が事前に決められたしきい値に達するまで増えるには、どれだけの読みが必要か。

これらの質問は、**未知種問題** (Unseen Species problem) と呼ばれるものを構成する。

---

*1　訳注：記事がhttp://news.ameba.jp/20121123-361/にある。

15.2　ライオンとトラとクマ

さきほどのへその細菌の問題を単純化して、3種の動物しかいないという前提で始めよう。それらをライオンとトラとクマとする。野生動物保護区を訪問して、ライオン3頭、トラ2頭、クマ1頭を目撃したと仮定しよう。

保護区では、どの動物も、目にする機会が等しいとすれば、私たちが目撃した各種の頭数は、多項分布（multinomial distribution）に従う。ライオンとトラとクマの占有率が、p_lion、p_tiger、p_bearとした場合、ライオン3頭、トラ2頭、クマ1頭を目撃する機会は、

```
p_lion**3 * p_tiger**2 * p_bear**1
```

となる。

「4.5　ベータ分布」にあったベータ分布を使って、各種族の占有率を個別に記述したくなるものだ。例えば、3頭のライオンとライオンでない3頭を見たという具合に。しかし、これは正しくない。例えばこれを3「表」と3「裏」と考えるなら、p_lionの事後確率分布が次のようになる。

```
beta = thinkbayes.Beta()
beta.Update((3, 3))
print beta.MaximumLikelihood()
```

p_lionの最尤推定（maximum likelihood estimate：MLE）は、観察率、50%になる。同様に、p_tigerとp_bearのMLEは、33%と17%になる。

しかし、これには2つ問題がある。

1. 各種について、0から1まで一様な事前確率を暗黙に用いているが、3種いることがわかっているので、この事前確率は正しくない。正しい事前確率は、平均の1/3で、どの種でも100%の占有率に対する尤度は0でなければならない。
2. 各種の分布は、占有率を足し合わせると1になることから、互いに独立ではない。この依存性を反映するためには、3つの占有率に対するジョイント分布が必要だ。

これらの問題を解決するために、ディリクレ分布（http://en.wikipedia.org/wiki/

Dirichlet_distribution参照)[*1]を使うことができる。ベータ分布を使って硬貨の偏りの分布を記述したのと同様に、ディリクレ分布を使って p_lion、p_tiger、p_bear のジョイント分布を記述できる。

ディリクレ分布は、ベータ分布の多次元一般化である。表と裏のような2つの可能な結果の代わりに、ディリクレ分布は、この例の3種のように、任意個数の結果を扱うことができる。

n個の結果があるなら、ディリクレ分布は、α_1 から α_n と書かれるn個のパラメータで記述される。

thinkbayes.py にあるディリクレ分布クラスの定義は次のようになる。

```
class Dirichlet(object):

    def __init__(self, n):
        self.n = n
        self.params = numpy.ones(n, dtype=numpy.int)
```

nは次元数である。最初は、パラメータはすべて1とする。私は、配列numpyを使って、パラメータを保持し、配列演算を使えるようにした。

ディリクレ分布が与えられたとき、各パラメータの周辺分布は、ベータ分布となり、次のように計算できる。

```
def MarginalBeta(self, i):
    alpha0 = self.params.sum()
    alpha = self.params[i]
    return Beta(alpha, alpha0-alpha)
```

iは、求めたい周辺分布の指数、alpha0はパラメータの和、alphaは、与えられた種のパラメータである。

この例において、各種の事前周辺分布は、Beta(1, 2)となる。事前確率平均を次のように計算できる。

```
dirichlet = thinkbayes.Dirichlet(3)
for i in range(3):
    beta = dirichlet.MarginalBeta(i)
    print beta.Mean()
```

[*1] 訳注:ベータ分布を多変量に拡張して一般化したもの、日本語は、http://ja.wikipedia.org/wiki/ディリクレ分布

期待通り、各種の事前平均占有率は、1/3である。

ディリクレ分布の更新では、次のように、観察した結果をパラメータに足し込む。

```
def Update(self, data):
    m = len(data)
    self.params[:m] += data
```

ここで、dataは、paramsと同じ順序でのカウント列なので、この例の場合には、ライオンとトラとクマの頭数となるはずだ。

観察したデータでdirichletを更新して、事後確率周辺分布を計算するコードは次のようになる。

```
data = [3, 2, 1]
dirichlet.Update(data)

for i in range(3):
    beta = dirichlet.MarginalBeta(i)
    pmf = beta.MakePmf()
    print i, pmf.Mean()
```

図15-1に結果を示す。事後確率平均占有率は、44%, 33%, 22%である。

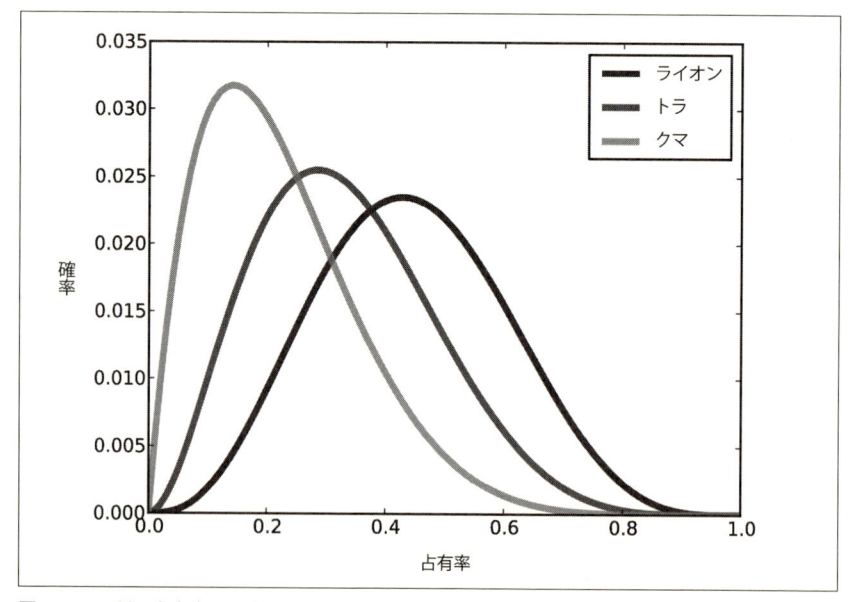

図 15-1　3種の占有率の分布

15.3 階層的な版

問題の単純版を解いて、あらかじめ存在する種の数がわかっていれば、それぞれの占有率を推定できることを示した。

ここで、元の問題、種の全数を推定する問題に戻ろう。この問題を解くために、仮説として他のスイートを含むメタスイートを定義する。この場合、最上位のスイートは、種の個数についての仮説を含み、最下位では、占有率についての仮説を含む。

クラス定義は次のようになる。

```
class Species(thinkbayes.Suite):

    def __init__(self, ns):
        hypos = [thinkbayes.Dirichlet(n) for n in ns]
        thinkbayes.Suite.__init__(self, hypos)
```

__init__は、nの可能値のリストを取り、Dirichletオブジェクトのリストを作る。最上位のスイートを作るコードは次のようになる。

```
ns = range(3, 30)
suite = Species(ns)
```

nsは、nの取り得る値のリストである。3つの種の場合は確認したので、少なくとも3以上の数でならなければならない。妥当な上限を私は選んだが、この上限を超える確率は低いことを後で確認する。少なくとも最初は、この範囲内のどの値も同じ程度の可能性と仮定する。

階層的モデルの更新では、すべての階層を更新する必要がある。普通は、最下位のレベルをまず更新し、上の階層に進むのだが、この場合には、最上位を最初に更新できる。

```
#class Species

    def Update(self, data):
        thinkbayes.Suite.Update(self, data)
        for hypo in self.Values():
            hypo.Update(data)
```

Species.Updateは、親クラスのUpdateを呼び出し、下位の仮説をループして回り、それらを更新する。

後は、尤度関数さえあればよい。

```
# class Species

    def Likelihood(self, data, hypo):
        dirichlet = hypo
        like = 0
        for i in range(1000):
            like += dirichlet.Likelihood(data)

        return like
```

`data`は、観察したカウント数の列である。`hypo`は、`Dirichlet`オブジェクトである。`Species.Likelihood`は、`Dirichlet.Likelihood`を1000回呼び出し、全体を返す。

なぜ1000回呼び出すのか。`Dirichlet.Likelihood`は、ディリクレ分布全体でデータの尤度を実際に計算するわけではないのだ。その代わりに、仮説分散から1つのサンプルを取り出し、占有率のサンプル集合の元で、データの尤度を計算する。

次のようになる。

```
# class Dirichlet

    def Likelihood(self, data):
        m = len(data)
        if self.n < m:
            return 0
        x = data
        p = self.Random()
        q = p[:m]**x
        return q.prod()
```

データの長さは、観察した種の個数である。想定よりも多くの種を観察したなら、尤度は0となる。

そうでなければ、占有率pのランダム集合を選んで、多項PMRを次のように計算する。

$$c_x p_1^{x_1} \cdots p_n^{x_n}$$

p_iは、i番目の種の占有率、x_iは観察した個体数である。第1項c_xは、多項係数である。c_xは乗数因子であり、データにのみ依存して仮説に依存しないので、正規化するとなくなるため計算していない (http://en.wikipedia.org/wiki/Multinomial_distribution

参照)[*1]

mは観察された種数である。pの最初のm個の要素だけが必要となる。他については、x_iが0なので、$p_i^{x_i}$が1であり積から無視できる。

15.4　ランダムサンプリング

ディリクレ分布からランダムサンプルを生成するには2通りの方法がある。1つは周辺ベータ分布を使うものだが、その場合には、1つずつ選んで、残りのスケールを足し合わせて1になるようにしないといけない (http://en.wikipedia.org/wiki/Dirichlet_distribution#Random_number_generation 参照)。

それほど明示的ではないが、より高速なのは、n個のガンマ分布[*2]から値を選び、全体で割ることで正規化するものである。コードは次のようになる。

```
# class Dirichlet

    def Random(self):
        p = numpy.random.gamma(self.params)
        return p / p.sum()
```

結果をいくつか確認することができる。nの事後確率分布を抽出するコードは次のようになる。

```
    def DistOfN(self):
        pmf = thinkbayes.Pmf()
        for hypo, prob in self.Items():
            pmf.Set(hypo.n, prob)
        return pmf
```

DistOfNは、最上位の仮説を順に処理して、各nの確率を累積する。

図15-2に結果を示す。最も可能性の高い値は4である。3から7の値も可能性が高そうだ。その後は、確率が急速に下がる。29種があるという確率は、小さすぎるので無視できる。より大きな上限を選んだとしても、ほぼ同じような結果が得られるだろう。

---

*1　訳注：日本語版は、http://ja.wikipedia.org/wiki/多項分布
*2　訳注：形状パラメータk、尺度パラメータθを持つ確率密度関数で定義される分布。http://ja.wikipeida.org/wiki/ガンマ分布参照。

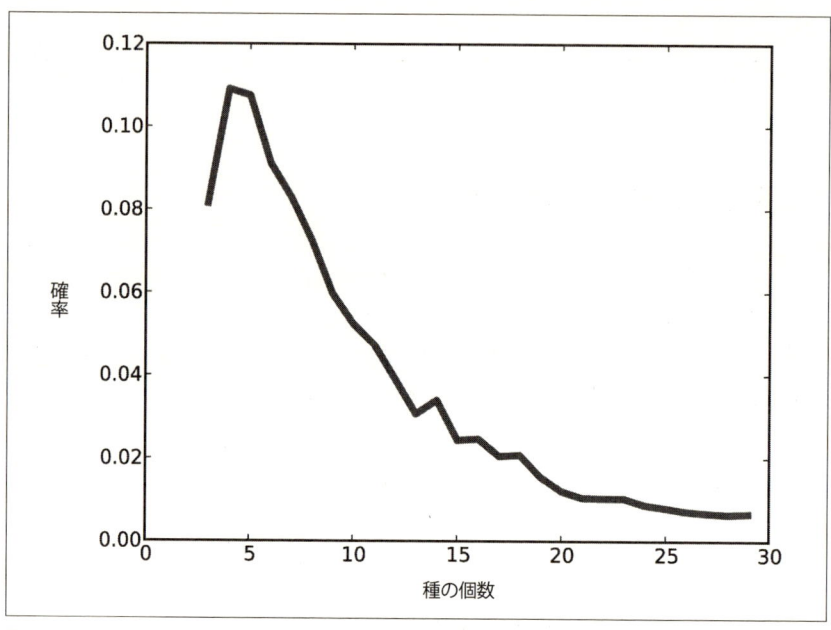

図 15-2　nの事後確率分布

この結果はnの一様事前確率に基づいている。環境における種の個数について背景情報があれば、異なる事前確率を選んでもよい。

15.5　最適化

この例にはかなり自信がある。未知種問題はやさしいものではないが、この解は、単純かつ明晰で、コードの行数も驚くほど少ない（約50行）。

唯一、処理が遅いという問題がある。観察種が3つしかない例では十分だが、ヒトのへそのデータなどサンプルによっては100以上の種が見つかるような例では、優れているとは言えない。

以後の3つの節では、この解をスケールアップするために必要な最適化を示す。詳細に入る前に、ロードマップを示す。

- 第1ステップは、同じデータでディリクレ分布を更新すれば、最初のm個のパラメータはすべてで同じとなることを認識することだ。唯一の相違点は、仮説的な

未知族の個数だけである。したがって、本当は、n個のディリクレオブジェクトを必要としない。階層最上位にパラメータを保持できる。Species2 は、この最適化を実装している。

- Species2 は、すべての仮説について同じランダム値集合を使ってもいる。これは、ランダム値を生成する時間を節約するが、より重要なことがわかるという利点もある。すべての仮説にサンプル空間から同じ選択をすることで、仮説間の比較をより公正にできるので、収束するまでの繰り返し回数が少なくなる。

- これらの変更を施しても、性能上の大きな問題が残っている。観察した種の個数が増えるにつれて、ランダム占有率の配列が大きくなり、近似的に正しい配列を選ぶ機会が小さくなる。したがって、繰り返しのほとんど大半が小さな尤度しか持たず、全体にあまり寄与せず、仮説間の差異も明らかにしない。解は、一度に1つずつ種を更新することである。Species4 はこの戦略の単純な実装で、Dirichlet オブジェクトを使って下位仮説を表している。

- 最後に、Species5 が下位仮説を組み合わせて最上位にして、numpy 配列演算を使って速度を速める。

詳細に興味がなければ、おへそのデータからの結果を示した「15.9 おへそデータ」の節まで飛ばしても構わない。

15.6 階層を畳む

最下位ディリクレ分布のすべては、同じデータで更新されるので、すべてについて最初のm個のパラメータは同じである。それらを取り除いて、パラメータを最上位スイートに併合できる。Species2は、この最適化を実装している。

```
class Species2(object):

    def __init__(self, ns):
        self.ns = ns
        self.probs = numpy.ones(len(ns), dtype=numpy.double)
        self.params = numpy.ones(self.high, dtype=numpy.int)
```

ns はnの仮説値のリスト、probs は対応する確率のリスト、そして params はディリクレパラメータの列で、最初はすべて1である。

Species2.Updateは、階層の両方のレベルで更新する。まず、nの各値について確率を、次にディリクレパラメータを更新する。

```
# class Species2

    def Update(self, data):
        like = numpy.zeros(len(self.ns), dtype=numpy.double)
        for i in range(1000):
            like += self.SampleLikelihood(data)

        self.probs *= like
        self.probs /= self.probs.sum()

        m = len(data)
        self.params[:m] += data
```

SampleLikelihoodは、nの各値について1つずつ尤度を割り当てた配列を返す。likeは、1,000個のサンプルから全体の尤度を累積する。self.probsには、全体尤度を掛けて、それから正規化する。末尾の2行は、パラメータを更新するが、Dirichlet.Updateのと同じである。

SampleLikelihoodを見てみよう。最適化の可能性が2つある。

- 種の仮説的個数nが観察個数mを超えるなら、多項PMFで最初のm項しか必要ない。残りは1となる。
- 種の個数が多いなら、データの尤度は浮動小数点には小さすぎるかもしれない（「10.5　アンダーフロー」参照）。したがって、対数尤度で計算したほうが安全である。

多項PMFは、次であった。

$$c_x p_1^{x_1} \cdots p_n^{x_n}$$

対数尤度は、

$$\log c_x + x_1 \log p_1 + \cdots + x_n \log p_n$$

であり、これは、計算がやさしくて速い。ここでも、c_xはすべての仮説について同じであり、省略できる。コードは次のようになる。

15.6 階層を畳む | 189

```
# class Species2

    def SampleLikelihood(self, data):
        gammas = numpy.random.gamma(self.params)
        m = len(data)
        row = gammas[:m]
        col = numpy.cumsum(gammas)

        log_likes = []
        for n in self.ns:
            ps = row / col[n-1]
            terms = data * numpy.log(ps)
            log_like = terms.sum()
            log_likes.append(log_like)

        log_likes -= numpy.max(log_likes)
        likes = numpy.exp(log_likes)

        coefs = [thinkbayes.BinomialCoef(n, m) for n in self.ns]
        likes *= coefs

        return likes
```

gammasは、ガンマ分布からの値の配列である。長さは、nの最大仮説値である。rowは、gammasの最初のm個の要素だけからなる。データに依存する要素はそれだけなので、必要なのもそれだけだ。

nの各値について、rowをgammaの最初のn個の値の和で割る必要がある。cumsumは、その累積和を計算して、colに貯える。

ループはnの値を順に調べては対数尤度のリストを作り上げる。

ループの中では、psは行に確率を含み、適切な累積和で正規化する。termsは、xilogpiという項の和を含み、log_likeは、それらの和を含む。

ループの後で、対数尤度を線形尤度に変換したいのだが、まず最尤が0になるようシフトしておくのがよいだろう。そうすれば、対数を戻した尤度が、小さくなりすぎることがない（「10.5 アンダーフロー」参照）

最後に、尤度を返す前に、補正率（correction factor）を適用する必要がある。これは、種の全数がnであるとして、m個の種を観察する方法の個数である。BinomialCoefficientには、$\binom{n}{m}$ と書かれる「mからn選択」を計算する。

よくあることだが、最適化したものは、元のよりも読みにくくて、エラーのあること

が多い。それが、単純な版から始めるのがよいと私が考える1つの理由である。それはリグレッションテスト（regression testing）にも使える。私は、両方の版の結果をグラフにして、それらがほぼ等しく、反復回数を増やすと収束することを確かめた。

15.7　もう1つの問題

　コードの最適化にはまだやることがあるが、それより先にまず片付けなければならない問題がある。観察した種族の個数が増えるにつれて、この版では、ノイズが増えて、よい答えに収束させるためにさらに多くの繰り返し処理が必要となる。

　問題は、ディリクレ分布から選んだ占有率psが、少なくとも近似的に正しくないとなると、観察したデータの尤度がゼロに近くなり、nのすべての値について、ほぼ同じようにまずいことになることだ。したがって、繰り返しのほとんどが、全体尤度に対して有用な貢献ができない。観察した種族の個数mが大きくなるに連れて、無視できない尤度を持つpsを選ぶ確率が小さくなる。本当に小さくなってしまうのだ。

　幸いなことに解決法がある。データの集まりを観察したら、全体データ集合で事前確率を更新できること、あるいは、それを分割して、データの部分集合について一連の更新を行う事ができて、どちらにしても結果は同じであることを覚えておくことだ。

　この例題については、鍵となるのは、更新を一時に一種族について行うことだ。そうすれば、psのランダム集合を生成するときに、1つだけが計算した尤度に影響し、優れたものを選ぶ機会がはるかに多くなる。

　一度に1つ種族を更新する新しい版は次のようになる。

```
class Species4(Species):

    def Update(self, data):
        m = len(data)

        for i in range(m):
            one = numpy.zeros(i+1)
            one[i] = data[i]
            Species.Update(self, one)
```

この版は、__init__をSpeciesから継承するので、（Species2とは異なり）仮説をDirichletオブジェクトのリストとして表す。

　Updateは観察した種族をループして、他がすべてゼロで1種族だけカウントした個

数が入る配列oneを作る。それから親クラスのUpdateを呼び出し、尤度を計算して、下位仮説を更新する。

したがって、実行例では、3つ更新する。最初は、「3頭のライオンを見た」のようなもの。次は、「2頭トラを見たがライオンは見なかった」。第3は、「1頭クマを見たが、ライオンもトラも見なかった」である。

Likelihoodの新しい版は次のようになる。

```
# class Species4

    def Likelihood(self, data, hypo):
        dirichlet = hypo
        like = 0
        for i in range(self.iterations):
            like += dirichlet.Likelihood(data)

        # 新しく見つかったもので、未知種族の個数を補正する
        m = len(data)
        num_unseen = dirichlet.n - m + 1
        like *= num_unseen

        return like
```

これは、Species.Likelihoodとほとんど同じで、因子num_unseenだけが異なる。この補正は、新種を新たに発見するたびに、確認できた未知の種が他にもいくつかあるということを考慮しなければならないので、必要だ。nのより大きな値については、確認できたはずの未知の種がもっと多いので、データの尤度が増える。

面倒なところなので、最初からうまくやれなかったことを認めざるを得ないが、以前の版と比較して、この版が妥当なことを確かめることができた。

15.8 まだ終わっていない

一時に1種族の更新を処理することで1つ問題を片付けたが、別の問題が発生している。更新にはkmに比例する時間がかかる。ここで、kは仮説の個数、mは観察した種の個数である。そこで、m回更新すると、全実行時間は、km^2に比例する。

しかし、「15.6 階層を畳む」で使った技法で高速化できる。Dirichletオブジェクトを取り除いて、階層の2つのレベルを単一オブジェクトに畳み込める。Speciesの新たな版は次のようになる。

```python
class Species5(Species2):

    def Update(self, data):
        m = len(data)
        for i in range(m):
            self.UpdateOne(i+1, data[i])
            self.params[i] += data[i]
```

この版は、__init__をSpecies2から継承するので、nの分布を表すのにnsとprobsを、ディリクレ分布を表すのにparamsを使う。

Updateは、これまでの節でほぼ同じである。観察した種をループして、UpdateOneを呼び出す。

```python
# class Species5

    def UpdateOne(self, i, count):
        likes = numpy.zeros(len(self.ns), dtype=numpy.double)
        for i in range(self.iterations):
            likes += self.SampleLikelihood(i, count)

        unseen_species = [n-i+1 for n in self.ns]
        likes *= unseen_species

        self.probs *= likes
        self.probs /= self.probs.sum()
```

この関数は、Species2に似ているが、次の2つが変更されている。

- インターフェイスが違う。全体のデータ集合の代わりに、観察した種の指数i、他にどれだけの種を見たかというcountが使われる。
- Species4.Likelihoodでのように、未知の種の個数についての補正因子を適用しなければならない。この違いは、配列乗算ですべての尤度を一度に更新するところである。

最終的に、SampleLikelihoodは次のようになる。

```python
# class Species5

    def SampleLikelihood(self, i, count):
        gammas = numpy.random.gamma(self.params)

        sums = numpy.cumsum(gammas)[self.ns[0]-1:]
```

```
            ps = gammas[i-1] / sums
            log_likes = numpy.log(ps) * count

            log_likes -= numpy.max(log_likes)
            likes = numpy.exp(log_likes)

        return likes
```

これはSpecies2.SampleLikelihoodと似ている。違いは、各更新に1つの種しか含まれないので、ループが要らないことである。

この関数の実行時間は、仮説の個数kに比例する。これをm回実行するので、更新の実行時間はkmに比例する。正確な結果を得るために必要な反復回数は、普通は小さくなる。

15.9　おへそのデータ

ライオンとトラとクマについてはこれで十分だ。おへその問題に戻ろう。データがどんなものかという感じをつかむために、検体B1242、400の読み込みで次のような個数の61種が得られたものを見てみよう。

```
92, 53, 47, 38, 15, 14, 12, 10, 8, 7, 7, 5, 5,
4, 4, 4, 4, 4, 4, 3, 3, 3, 3, 3, 3, 2, 2, 2, 2,
1, 1, 1, 1, 1, 1, 1, 1, 1, 1, 1, 1, 1, 1, 1, 1,
1, 1, 1, 1, 1, 1, 1, 1, 1, 1, 1
```

いくつかの支配的な種が、全体のかなりの部分を占めるが、多くの種は、1つしか読み込まれていない。これらの「単体」(singleton) は、少なくともいくつかの未知種の存在を示唆する。

ライオンとトラの例では、保護区のどの動物も観察機会は同じだと仮定した。同様に、おへそのデータについても、各細菌が読み込まれる機会は同じだと仮定する。

現実には、データ収集プロセスの各ステップでバイアスの入り込む余地がある。種によっては、綿棒で拾い上げられやすいものや、識別しやすい増幅産物（amplicon）を出すことがあるだろう。したがって、各種族の占有率について述べる場合には、誤差の源を覚えておくべきだ。

ここで「種」(species) という述語を、厳密な意味で使用していないことを断っておか

ねばならない。そもそも、細菌の種はきちんと定義されていない。第二に、読み込みによっては、種の同定ができることもあれば、属（genus）しか同定できないこともある。より正確には「操作的分類単位」（operational taxonomic unit：OUT）という述語を用いるべきだろう。

さて、おへそのデータをいくつか処理しよう。私はSubjectというクラスを定義して、調査対象の検体についての情報を表した。

```
class Subject(object):

    def __init__(self, code):
        self.code = code
        self.species = []
```

各検体には、「B1242」のような文字列コードと、カウント数の昇順に並べた対（カウント数、種名）のリストがある。Subjectには、カウント数や種名に簡単にアクセスできるようなメソッドが用意されている。詳細は、http://thinkbayes.com/species.pyを見ればよい。詳しくは、まえがきの「コードについて」（ixページ）を参照のこと。

SubjectはProcessという名前のメソッドを提供しており、これは、nの分布と占有率を表現するスイートSpecies5を作って更新する。

Suite2は、nの事後確率分布を返すDistNを提供する。

```
# class Suite2

    def DistN(self):
        items = zip(self.ns, self.probs)
        pmf = thinkbayes.MakePmfFromItems(items)
        return pmf
```

図15-3は、検体B1242のnの分布を示す。正確に61種があって、他には未知の種はないという確率はほぼゼロである。最も可能性の高い値は72で、信用区間66から79で90%である。数の多い側では、87種ある可能性は低そうだ。

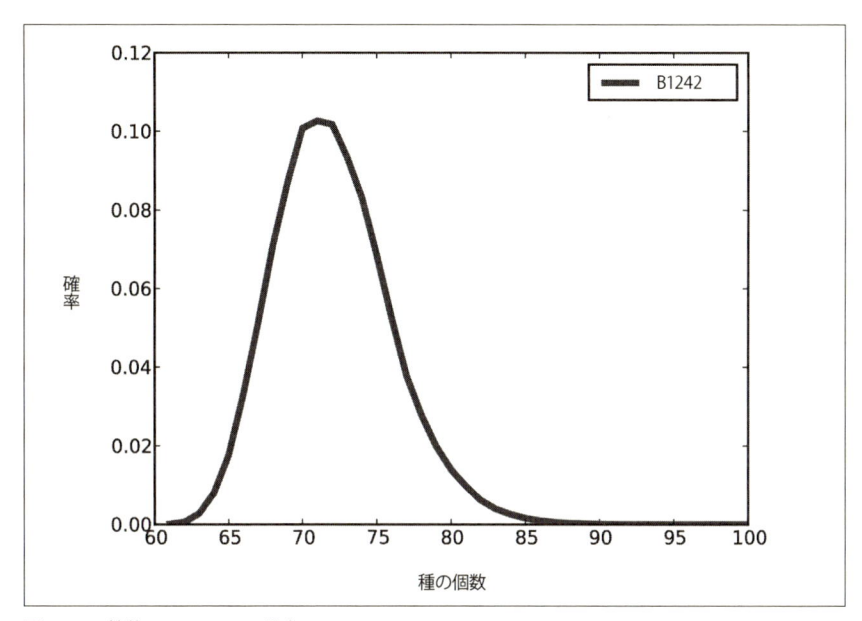

図15-3 検体B1242のnの分布

次に、各種族の占有率の事後確率分布を計算する。Species2はDistOfPrevalenceを次のように定義している。

```
# class Species2

    def DistOfPrevalence(self, index):
        metapmf = thinkbayes.Pmf()

        for n, prob in zip(self.ns, self.probs):
            beta = self.MarginalBeta(n, index)
            pmf = beta.MakePmf()
            metapmf.Set(pmf, prob)

        mix = thinkbayes.MakeMixture(metapmf)
        return metapmf, mix
```

indexが求めたい種を示す。各nについて、占有率の事後確率分布は異なる。

ループはnの可能値とその確率を順に見ていく。nの各値について、対応種の周辺分布を表すベータオブジェクトが得られる。ベータオブジェクトにはパラメータalphaとbetaが含まれ、Pmfのような値と確率を持たないが、連続ベータ分布を離散近似する

MakePmfを提供することを覚えておくとよい。

metapmfは、nを条件とした占有率の分布を含むメタPmfである。MakeMixtureは、メタPmfをまとめてmixにする。これは、条件付き分布をまとめて占有率の単一分布にする。

図15-4は、ほとんどの読み込みに出てくる5種の結果を示す。占有率が最も高い種は、400読み込みの23%を占めるが、未知の種の存在がほぼ確実なので、占有率に対する最も可能性が高そうな値は20%であり、これは信用区間17%から23%で90%の確率だ。

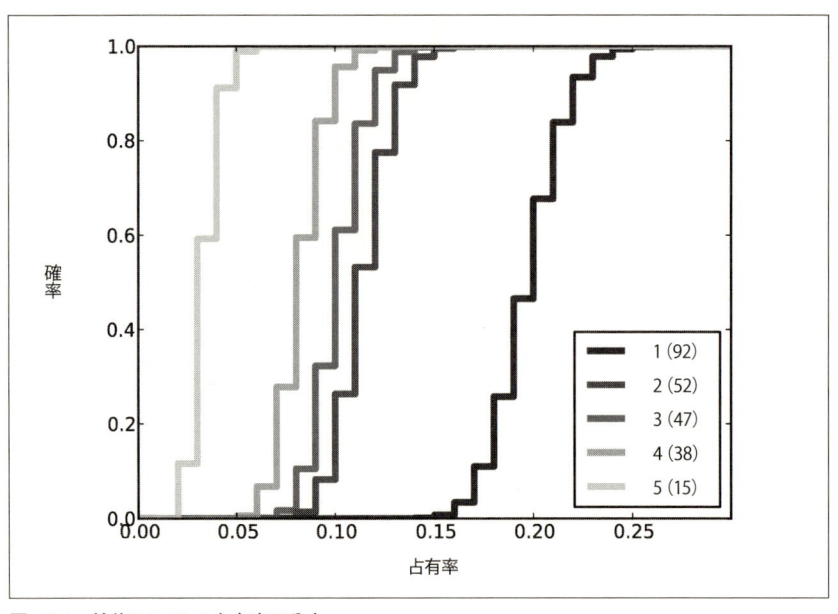

図15-4　検体B1242の占有率の分布

15.10　予測分布

本章の冒頭で私は、4つの関連する質問の形で、未知種族問題[*1]を紹介した。nに対する事後確率分布と各種の占有率を計算することで、最初の2つの質問に答えた。

---

*1　訳注：原文は、hidden species problem

残りの2つの質問は次のようなものだった。

- 追加のサンプル収集を計画しているとして、新種族をいくつ見つけられると予測できるか。
- 観察された種族の割合が与えられたしきい値に達するまで増えるには、どれだけの読みが必要か。

このような予測に関わる質問に答えるには、事後確率分布を使って、起こり得る将来の事象をシミュレーションし、観察するだろう種の個数についての予測分布と、全体に占める割合を計算することができる。

シミュレーションの核心部分は次のようになる。

1. 事後確率分布からnを選ぶ。
2. 未知の種も含めて、ディリクレ分布を用い、各種の占有率を選ぶ。
3. 将来の観察のランダム列を生成する。
4. 新種の数num_newを、追加読み込み数kの関数として計算する。
5. これまでのステップを繰り返し、num_newとkのジョイント分布を累積する。

コードは次の通り。RunSimulationは、1つのシミュレーションを走らせる。

```
# class Subject

    def RunSimulation(self, num_reads):
        m, seen = self.GetSeenSpecies()
        n, observations = self.GenerateObservations(num_reads)

        curve = []
        for k, obs in enumerate(observations):
            seen.add(obs)

            num_new = len(seen) - m
            curve.append((k+1, num_new))

        return curve
```

num_readsは、シミュレーションする追加読み込みの個数、mは、観察された種の個数、seenは、種の一意な名前の文字列の集合、nは、事後確率分布からのランダムな値、observationsは、種名のランダムな列である。

ループのたびに、新たに観察した種をseenに追加し、これまでの読み込みの個数と、

新種の数とを記録する。

RunSimulationの結果は、**希薄化（粗鬆化）曲線**（rarefaction curve）[*1]で、読み込みの数と新種の数との対のリストとして表される。

結果を確認する前に、GetSeenSpeciesとGenerateObservationsを見ておこう。

```
#class Subject

    def GetSeenSpecies(self):
        names = self.GetNames()
        m = len(names)
        seen = set(SpeciesGenerator(names, m))
        return m, seen
```

GetNamesは、データファイルにある種名のリストを返すが、多くの検体にとって、これらの名前は重複しているかもしれない。そこでSpeciesGeneratorを使って、名前の後に逐次番号を付加した。

```
    def SpeciesGenerator(names, num):
        i = 0
        for name in names:
            yield '%s-%d' % (name, i)
            i += 1

        while i < num:
            yield 'unseen-%d' % i
            i += 1
```

Corynebacteriumのような名前に対して、SpeciesGeneratorは、Corynebacterium-1を作る。名前表が尽きてしまったなら、unseen-62のような名前を作る。

GenerateObservationsは、次の通り。

```
    # class Subject

    def GenerateObservations(self, num_reads):
        n, prevalences = self.suite.SamplePosterior()

        names = self.GetNames()
        name_iter = SpeciesGenerator(names, n)
```

[*1] 訳注：希薄化の意味は、元のサンプルを「薄めて」部分集合を取ったサンプルに含まれる種数を数えられるようにするための処置。

```
        d = dict(zip(name_iter, prevalences))
        cdf = thinkbayes.MakeCdfFromDict(d)
        observations = cdf.Sample(num_reads
        return n, observations
```

ここでも、num_readsは、追加読み込み数、nとprevalencesは、事後確率分布からのサンプルである。

cdfは、未知のunseenも含めて種名を累積確率に対応させるCdfオブジェクトである。Cdfを使うことで、種名のランダムな列を作ることが容易になる。

最後に、Species2.SamplePosteriorは次のようになる。

```
    def SamplePosterior(self):
        pmf = self.DistOfN()
        n = pmf.Random()
        prevalences = self.SamplePrevalences(n)
        return n, prevalences
```

SamplePrevalencesは、nに条件付けられた占有率のサンプルを生成する。

```
    # class Species2

        def SamplePrevalences(self, n):
            params = self.params[:n]
            gammas = numpy.random.gamma(params)
            gammas /= gammas.sum()
            return gammas
```

「15.4 ランダムサンプリング」で、ディリクレ分布からランダム値を生成するこのアルゴリズムが登場した。

図15-5は、検体B1242の100回シミュレーションした希薄化曲線を示す。この曲線には、「ジッタ」(微小振動、jittered)がある。すなわち、各曲線を私はランダムに移動して全部が重複しないようにした。調べるとわかるように、400以上読み込むと2から6の新種が見つかるだろうと推定できる。

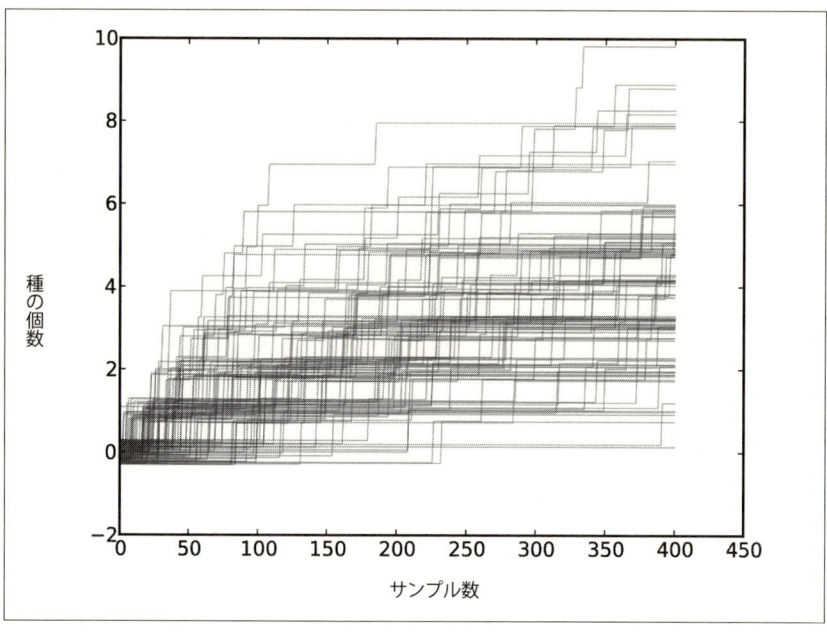

図 15-5　シミュレーションした検体 B1242 の希薄化曲線

15.11　ジョイント事後確率

これらのシミュレーションを使って、num_new と k のジョイント分布を推定して、k の任意の値を条件とする num_new の分布を求めることができる。

```
def MakeJointPredictive(curves):
    joint = thinkbayes.Joint()
    for curve in curves:
        for k, num_new in curve:
            joint.Incr((k, num_new))
    joint.Normalize()
    return joint
```

MakeJointPredictive は、値がタプル（tuple）の Pmf であるジョイントオブジェクトを作る。

curves は、RunSimulation で作られた希薄化曲線のリストである。各曲線には、k と num_new の対のリストが含まれる。

結果として得られるジョイント分布は、各対から生起確率への対応となる。ジョイント分布があれば、Joint.Conditionalを使って、kを条件としたnum_newの分布を得る（「9.6 **条件付き分布**」参照）。Subject.MakeConditionalsは、ksのリストを取って、各kのnum_newの条件付き分布を計算する。結果はCdfオブジェクトのリストである。

```
def MakeConditionals(curves, ks):
    joint = MakeJointPredictive(curves)

    cdfs = []
    for k in ks:
        pmf = joint.Conditional(1, 0, k)
        pmf.name = 'k=%d' % k
        cdf = pmf.MakeCdf()
        cdfs.append(cdf)

    return cdfs
```

図15-6に結果を示す。100個の読み込みで、新種の予測個数の中央値が2となる。信用区間0から5で90%だ。800個の読み込みだと、3から12の新種を期待できる。

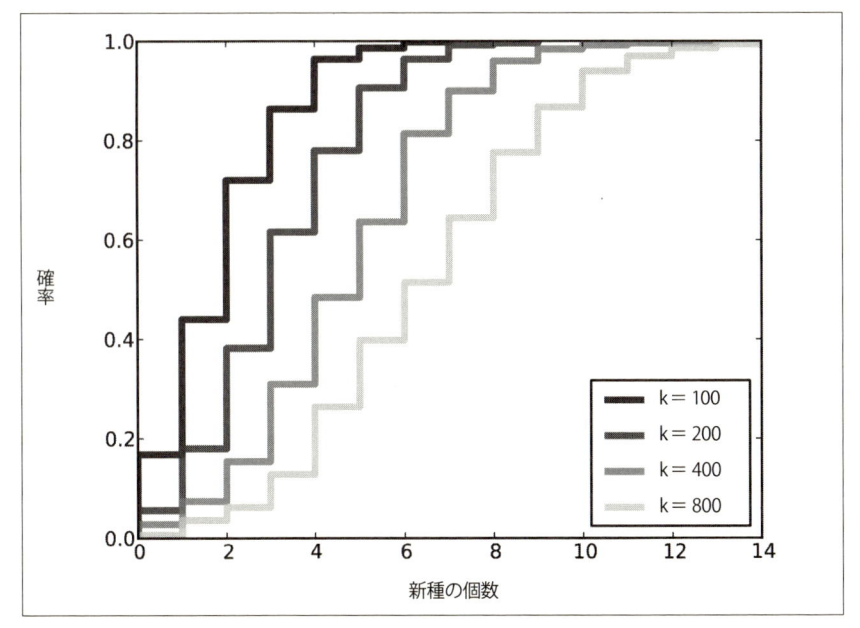

図 15-6　追加読み込みの数の条件下での新種の数の分布

15.12 被覆率

答えたい最後の質問は、「観察された種の割合が与えられたしきい値に達するまで増えるには、どれだけの読みが必要か」である。

この問いに答えるには、RunSimulationで、新種の数よりも観察した種の割合を計算するものが必要だ。

```
# class Subject

    def RunSimulation(self, num_reads):
        m, seen = self.GetSeenSpecies()
        n, observations = self.GenerateObservations(num_reads)

        curve = []
        for k, obs in enumerate(observations):
            seen.add(obs)

            frac_seen = len(seen) / float(n)
            curve.append((k+1, frac_seen))

        return curve
```

次に、各曲線をループして回り、追加読み込みの数kから、k読み込みで得られた被覆率の値fracsのリストを対応させる辞書dを作る。

```
    def MakeFracCdfs(self, curves):
        d = {}
        for curve in curves:
            for k, frac in curve:
                d.setdefault(k, []).append(frac)

        cdfs = {}
        for k, fracs in d.iteritems():
            cdf = thinkbayes.MakeCdfFromList(fracs)
            cdfs[k] = cdf

        return cdfs
```

そして、kの各値について、fracsのCdfを作る。このCdfは、kを読み込んだ後の適用範囲の分布を示す。

CDFは、与えられたしきい値より下になる確率を示すので、**相補**（complementary）

CDFがそれを超える確率を示すことを忘れないようにする。図15-7にある範囲のkの値に対する相補CDFを示す。

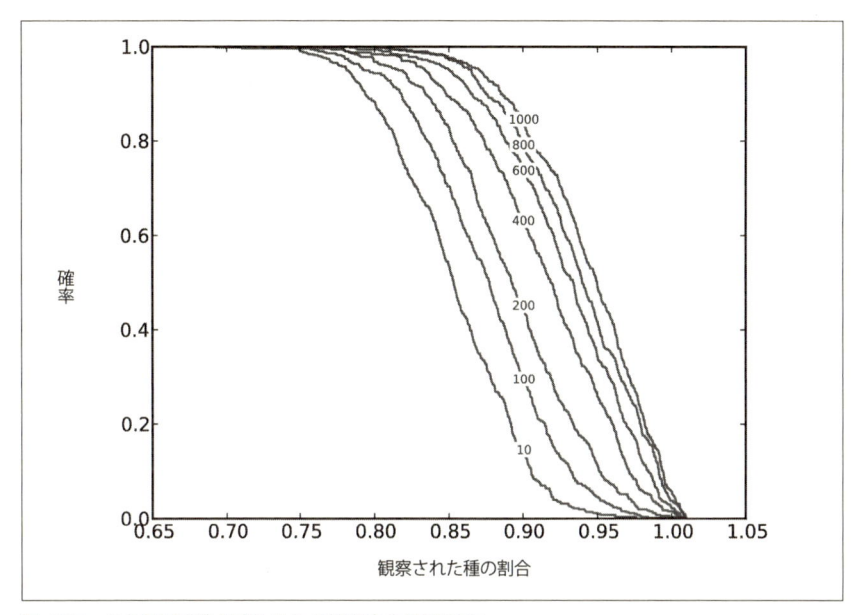

図15-7 ある範囲の追加読み込みの被覆率の相補CDF

この図の読み方は、達成したい被覆率のレベルをx軸で選ぶ。例えば、90%を選ぶ。

次に、上にたどってk個読み込んで90%被覆率を達成する確率を求める。例えば、200個の読み込みで、90%被覆率を達成する確率は約40%となる。1000個の読み込みなら、90%被覆率を達成する確率は90%となる。

これで、未知種問題を構成する4つの質問に答えた。本章のアルゴリズムを実データで検証するためには、もう少し詳細を私は扱わなければならなかった。しかし、本章はすでに長くなりすぎているので、ここで論じるのはやめておく。

この問題と、私がどのように扱ったかを私のブログ、http://allendowney.blogspot.com/2013/05/belly-button-biodiversity-end-game.htmlで読むことができる。

本章のコードは、http://thinkbayes.com/species.pyからダウンロードできる。詳細については、まえがきの「コードについて」(ixページ)を参照のこと。

15.13 議論

　未知種問題は、活発に研究が進められている分野である。本章のアルゴリズムは、新たな貢献だと私は信じる。本書の約200ページで、確率の基本から研究の最前線まで到達した。私は、満足だ。

　本書の私の目標は、3つの関連したアイデアを提示することだ。

- **ベイズ思考**（Bayesian thinking）：ベイズ分析の基礎は、確率分布を使って確かでない信念を表現し、データを使って、分布を更新し、結果を使って予測を行い決定に必要な情報を与えるというアイデアにある。
- **計算論的方式**（computational approach）：本書の前提は、ベイズ分析の理解には、コンピュータを使う方が数学を使うよりもやさしくて、実世界の問題を迅速に解けるように、手を入れやすい再利用可能な構成要素を使ってベイズ手法を実装するのはたやすいということである。
- **反復モデル**（iterative modeling）：実世界の問題のほとんどは、モデル化に際する決定と、現実性と複雑さとの間のトレードオフを含んでいる。モデルにどのような要因を含むべきか、どれを抽象化によって捨象できるかということは、前もって知ることができないことが多い。最良の取り組み方は、反復すること、単純なモデルから始めて、できたモデルで検証しながら、徐々に複雑さを追加することである。

　このような考え方は、多方面に使えて強力である。科学技術のほとんどの分野の問題に、単純な例から現在行われている研究に至るまで、適用することができる。

　ここまで読み進められてきた読者は、これらのツールを自分の仕事や研究に関連した新たな問題に適用する準備ができているはずだ。役立ったと思われることを期待する。是非結果を教えてほしい。

参考文献

[Boslaugh 12] Sarah Boslaugh, SATISTICS IN A NUTSHELL — A Quick Reference, O'Reilly, 2nd Edition, November 2012

[Davidson-Pilon 13] Cameron Davidson-Pilon, Probabilistic Programming and Bayesian Methods for Hackers, GitHub, Inc. (Draft, 2013)

[Downey 12a] Allen B. Downey, Estimating the age of renal tumors, arXiv.org, 2012, http://arxiv.org/abs/1203.6890

[Downey 12] Allen B. Downey、黒川洋・黒川利明訳、Think Statsプログラマのための統計入門、オライリー・ジャパン、2012

[Gelman 13] Andrew Gelman, John B. Carlin, Hal S. Stern, David B. Dunson, Aki Vehtari, Donald B. Rubin, Bayesian Data Analysis, Third Edition (Chapman & Hall/CRC Texts in Statistical Science), Chapman and Hall/CRC; 3 edition (2013)

[Heuer 10] A. Heuer, C. Müller, and O. Rubner. "Soccer: Is scoring goals a predictable Poissonian process?" Europhysics Letters, 89 (2010) 38007.

[Jaynes 03] E.T. Jaynes, Probability Theory: The Logic of Science, Cambridge University Press, 2003

[MacKay 03] David MacKay, Information Theory, Inference, and Learning Algorithms, Cambridge University Press 2003 (4th Printing, 2005 available on the web)

[McGrayne 11] Sharon Bertsch McGrayne, The Theory That Would Not Die: How Bayes' Rule Cracked the Enigma Code, Hunted Down Russian Submarines, and Emerged Triumphant from Two Centuries of Controversy, Yale University Press, 2011 冨永星訳、異端の統計学ベイズ、草思社、2013

[Mosteller 87] Frederick Mosteller, Fifty Challenging Problems in Probability with

Solutions (Dover, 1987)

[Sivia 06] Devinderjit Singh Sivia with John Skilling, Data Analysis: A Bayesian Tutorial Hardcover, Oxford University Press, 2nd edition, 2006

[Zhang 09] Zhang et al, Distribution of Renal Tumor Growth Rates Determined by Using Serial Volumetric CT Measurements, January 2009 Radiology, 250, 137-144. http://pubs.rsna.org/doi/pdf/10.1148/radiol.2501071712

索引

A

ABC（近似ベイズ計算）............................. 126
Axtell, Robert 26

B

Betaオブジェクト 40, 195
BRFSS 117, 122, 127

C

cache 126, 162
Campbell-Ricketts, Tom............................171
CDC（アメリカ疾病予防管理センター）....117
Cdf 57, 65, 91, 199
CDF（累積分布関数）................................... 29
cookie.py 13
Cromwell, Oliver（クロムウェル、オリバー）
.... 42
CV（変動係数）..118

D

Davidson-Pilon, Cameron........................... 60
Dungeons and Dragons........................ 21, 49

E

ESP（超能力）..140

G

Gee, Steve 60

H

Heuer, Andreas... 77
Hoag, Dirk 84
Horsford, Eben Norton...............................117
Hume, David 140

I

IPR（百分位数範囲）................................... 128
IQR（四分位数範囲）................................... 128

J

Jaynes, E-T- 171

K

KDE（カーネル密度推定）.......... 61, 63, 64, 89
linspace 120

M

M&M'S問題（M and M problem）........... 7, 17
MacKay, David（マッケイ、デイビッド）
.... 33, 47, 102, 135
MakeMixture 56, 80, 82, 90, 98, 149, 196
Meckel, Johann 117
Mosteller, Frederick
　（モステラー、フレデリック） 23
Mult 13

N

NHL.. 75
numpy 64, 66, 68, 76, 96, 120, 149, 181,
　185, 187-193

O

OTU（操作的分類単位）.............................. 194

P

Pdf 61
PDF（確率密度関数）.............................. 41, 76
PEP x
Pmf 57, 61
Pmfクラス 11
Pmfメソッド 12
Prob 13

R

rDNA 179
RDT（回帰倍増時間）.................................. 158
Reddit 42, 157

S

SAT 141
scipy 62, 63, 124
Sivia, D-S- 105
Suiteクラス 16

T

Template Methodパターン 19
thinkplot ix

U

Updateメソッド 14

あ行

アメリカ疾病予防管理センター（CDC）....117
アンダーフロー（underflow）............. 122, 188
依存性（dependence）........................... 111-112
一様事前確率（uniform prior）............ 34, 186
一様分布（uniform distribution）......... 25, 40,
　55, 90
イテレータ（iterator）................................. 162
色付きグラフ（pseudocolor plot）.............. 164
因果関係（causation）................................. 177
因果連鎖（chain of causation）................... 171
インターフェイス（interface）............... 19, 62
エセ科学（crank science）........................... 117

演算 (operation) 49
延長時間 (overtime) 81
オッズ (odds) 45
オリバーの血液型問題 (Oliver's blood problem) 47

か行

カーネル密度推定 (kernel density estimation) 61, 63, 64, 89
ガイガーカウンター問題 (Geiger counter problem) 171-171, 177
回帰倍増時間 (reciprocal doubling time：RDT) 158
階層的モデル (hierarchical model) 174, 177, 183
ガウス PDF (Gaussian PDF) 63
ガウス分布 (Gaussian distribution) 61-63, 76, 127, 129
加数 (addends) 49-51
撹乱母数 (nuisance parameter) 154
確率 (probability) 61
　　結合 2
　　条件付き 1
確率質量 (probability mass) 61
確率質量関数 (probability mass function) 11
確率密度 (probability density) 61
確率密度関数 (probability density function：PDF) 41, 61, 76
仮説検定 (hypothesis testing) 135
数え上げ (enumeration) 49, 52
偏った硬貨 (biased coin) 135
偏りのない硬貨 (fair coin) 135
過程 (process) 76
頑健 (robust) 128

観察者バイアス (observer bias) 88-103
癌腫 (carcinoma) 161
ガンマ分布 (gamma distribution) 185, 189
機関車問題 (locomotive problem) 23, 30, 127
希薄化曲線 (rarefaction curve) 198, 200
基本点数 (raw score) 142
逆問題 (inverse problem) 172
客観的 (objectivity) 31
球形 (sphere) 162, 169
共役事前確率 (conjugate prior) 40
近似ベイズ計算 (Approximate Bayesian Computation：ABC) 126
具象型 (concrete type) 19, 62
クッキー問題 (cookie problem) 3, 12, 46
組 (tuple) 39
クロムウェル、オリバー (Cromwell, Oliver) 42
クロムウェル規則 (Cromwell's rule) 41
経済推測 (economic intelligence) 30
計算論的方式 (computational approach) 204
競馬 (horse racing) 46
系列相関 (serial correlation) 166-169
結合 (conjunction) 2
結合確率 (conjoint probability) 2
決定分析 (decision analysis) 59-73, 99
硬貨投げ (coin toss) 1
更新 (update) 67
行動危険因子サーベイランスシステム (Behavioral Risk Factor Surveillance System) 117
項目応答理論 (item response theory) 147
効力 (efficacy) 147
誤差 (error) 66
古典的な推定 (classical estimation) 119
混合 (mixture) 54, 79, 81, 90, 98, 158, 176

昆虫サンプル問題 (insect sampling problem) 85

さ行

「ザ・プライス・イズ・ライト」(The Price is Right) 59
サイコロ (dice) 11, 21
サイコロ問題 (dice problem) 21
最小二乗適合 (least squares fit) 166
再正規化 (renormalize) 13
最大値 (maximum) 51
最適化 (optimization) 38, 124-126, 175, 186
最尤 (maximum likelihood) 28, 35, 73, 113, 123, 180
サドンデス (sudden death) 81
三角事前確率 (triangle prior) 36, 138
三角法 (trigonometry) 107
サンプルの統計量 (sample statistics) 127
ジェネレーター (generator) 167, 168
事後確率 (posterior) 5
　　ボストン・ブルーインズ問題 77
　　ユーロ硬貨問題 35
事後確率分布 (posterior distribution) ..13, 35
指数化 (exponentiation) 52
指数分布 (exponential distribution) 158
事前確率 (prior) 5, 142
事前確率分布 (prior distribution) 13, 26
事前確率を圧倒する (swamping the priors) 36, 41
実装 (implementation) 19, 62
ジッタ (jitter) 199
四分位数範囲 (inter-quartile range：IQR) 128

シミュレーション (simulation) 49, 52, 55, 157-170, 197
収束 (convergence) 37, 41
周辺分布 (marginal distribution) 110, 115, 181
主観的 (subjectivity) 31
主観的事前確率 (subjective prior) 6
腫瘍の型 (tumor type) 167
順問題 (forward problem) 172
ジョイント (Joint) 110-112, 115, 118
ジョイント pmf (Joint pmf) 154, 163
ジョイントオブジェクト (Joint object) 200
ジョイント分布 (joint distribution) 110, 115, 118, 130, 154, 163-164, 170, 180, 197
　　事後確率分布 200-201
条件付き確率 (conditional probability) 1
条件付き分布 (conditional distribution) 111-113, 115, 164-166, 196, 201
証拠 (evidence) 5, 35, 47, 48, 117, 135-136, 141-155
情報的事前確率 (informative prior) 31
ショーケース (Showcase) 59
腎腫瘍問題 (Kidney tumor problem) 157-158
心臓発作 (heart attack) 1
身長 (height) 118
信念の程度 (degree of belief) 1
信用区間 (credible interval) 28, 111
スイート (suite) 6, 106
スケール化得点 (scaled score) 142
正規化 (normalize) 68
正規化定数 (normalizing constant) 5, 6, 8, 46, 175
正規分布 (normal distribution) 62, 75, 124
成長率 (growth rate) 166
生物多様性 (biodiversity) 179

全確率 (total probability) 6
線形空間 (linear spacee) 64
全体網羅 (collectively exhaustive) 6
「選択を変える」(switch) 9
占有率 (prevalence) 179, 182, 193
相関的成長 (correlated growth) 167
相互排他 (mutually exclusive) 6
操作的分類単位 (operational taxonomic
　unit：OTU) 194
掃射速度 (strafing speed) 108
相補CDF (complementary CDF) 202
粗鬆化曲線 (rarefaction curve) 198
「そのまま」(stick) 9

た行

退役軍人給付管理局 (Veterans Benefits
　Administration) 160
大学理事会 (College Board) 142
対数 (logarithm) 122
対数変換 (log transform) 122
対数目盛り (log scale) 164
対数尤度 (log-likelihood) 124, 188, 189
体積 (volume) 162
多項係数 (multinomial coefficient) 184
多項分布 (multinomial distribution) 180
種 (species) 179, 193
タプル (tuple) 200
単語の出現頻度 (word frequency) 11
中央信用区間 (central credible interval)
　..113
中央値 (median) 35, 128
抽象型 (abstract type) 19, 62
調整 (calibration) 149
超能力 (extra-sensory perception) 140
直感 (intuition) 9

通時的解釈 (diachronic interpretation) 5
ディレクレ分布 (Dirichlet distribution)
　.. 180, 197
電球問題 (light bulb problem) 85
ドイツ軍戦車問題 (German tank problem)
　.. 23, 30
到着率 (arrival rate) 95
独立 (independence) 2, 8, 51, 53, 110-113,
　154, 161, 180

な行

ナショナルホッケーリーグ (National Hockey
　League) 75
二項係数 (binomial coefficient) 189
二項分布 (binomial distribution) 144, 172
二項尤度関数 (binomial likelihood
　function) 40

は行

倍増時間 (doubling time) 158
バクテリア (bacteria) 179
バケット (bucket) 163
バス停問題 (bus stop problem) 84
パラメータ (parameter) 40
バンクーバー・カナックス (Vancouver
　Canucks) 75
反復的なモデル化 (iterative modeling) 83
反復モデル (iterative modeling)
非情報的事前確率 (uninformative prior) . 31
非線形 (non-linear) 98
被覆率 (coverage) 202-203
百分位 (percentile) 29, 165, 169
百分位範囲 (inter-percentile range：IPR)
　.. 128

表 (table) 7
標準的な試験 (standardized test) 141
標本バイアス (sample bias) 193
ピロシーケンス (pyrosequencing)............. 179
不確実性 (uncertainty)................................. 97
分割統治 (divide-and-conquer) 10
分布 (distribution) 11, 57, 72
　　　演算 (operation)................................. 49
　　　ゴール 79
平均二乗誤差 (mean squared error) 25
ベイズ・フレームワーク (Bayesian
　framework).. 13
　　　カプセル化 16
ベイズ因子 (Bayes factor) 48, 135-136, 146
ベイズ思考 (Bayesian thinking) 204
ベイズの定理 (Bayes's theorem)................... 3
　　　オッズの形式 46
ペイントボール問題 (Paintball problem)
　... 105
ベータ分布 (beta distribution) 39, 180
べき乗則 (power law) 27
へそ生物多様性2.0 (Belly Button
　Biodiversity 2.0：BBB2) 179
ベルヌーイ過程 (Bernoulli process)........... 76
変動係数 (coefficient of variation：CV)
　...118
変動性仮説 (Variability Hypothesis) 117
放射性崩壊 (radioactive decay)..................171
ボストン (Boston) 87
ボストン・ブルーインズ (Boston Bruins)
　... 75
補正率 (correction factor)........................... 189
ホッケー (hockey)... 75
ポワソン過程 (Poisson process)
　................................... 76-77, 81, 85, 88, 171
ポワソン分布 (Poisson distribution)
　.. 79, 94, 172

ま行

マッケイ、デイビッド (MacKay, David)
　..33, 47, 102, 135
ミクロビオーム (microbiome) 179
未知種問題 (Unseen Species problem)
　.. 179, 204
密度 (density) 61, 64, 66, 119
メタ Pmf (meta-Pmf)
　.......................80, 81, 90, 98, 149, 176, 196
メタスイート (meta-Suite)................. 174, 183
メモ化 (memoization) 125
モステラー、フレデリック (Mosteller,
　Frederick).. 23
モデル (model)... 88
モデル化 (modeling) 132, 139, 141,
　142, 146, 166, 169, 171
　　　階層的 177
　　　誤差 147, 169
　　　出場者 64
モデル化による誤差 (modeling error)
　.. 147, 169
モンティ・ホール問題 (Monty Hall
　problem) 8, 15

や行

尤度 (likelihood) 5, 66, 94, 109-110,
　119, 132, 138, 172
尤度 (likelihood) 13, 109
尤度関数 (likelihood function) 21
尤度比 (likelihood ratio) 47, 136, 147

ユーロ硬貨問題（Euro problem）
......................................33, 40, 127, 135
要約統計量（summary statistic）
....73, 128, 133
予測分布（predictive distribution）
.....................85, 94, 98, 152-153, 196-200

ら行

ライオンとトラとクマ（lions and tigers and bears）... 180
ランダムサンプリング（random sampling）
....185, 199
リグレッションテスト（regression testing）
.... ix, 190

累積確率（cumulative probability）
.... 168, 199
累積分布関数（cumulative distribution function：CDF）........................... 29, 65, 91
累積和（cumulative sum）.......................... 189
例外（exception）.. 123
レッドライン問題（Red Line problem）...... 87
連続分布（continuous distribution）........... 39
ロバスト推定（robust estimation）............ 128

わ行

ワイブル分布（Weibull distribution）.......... 85

●著者紹介

Allen B. Downey（アレン・B・ダウニー）
米国オーリン大学コンピュータサイエンス学科教授。カリフォルニア大学バークレーでコンピュータサイエンスの博士号を取得。Wellesley College、Colby College、カリフォルニア大学バークレーでコンピュータサイエンスを教えてきた。『Think Stats』（邦題『Think Stats―プログラマのための統計入門』）、『Think Python』（ともにO'Reilly Media）の著者でもある。
オーリン大学（Olin College of Engineering）は、マサチューセッツ州ボストン郊外に位置し、1997年に創立された、世界で最も新しい工学単科大学である。その特色あるミッションとは、イノベーターでもある技術者を養成し、米国および世界の工学教育の革新を加速することである。オーリン大学は、（2013年の科学技術白書でも触れられていたように）分野融合型のハンズオン主体のカリキュラムと特色ある学習文化によって、教育革新のリーダーの一校として認められている。詳細は、www.olin.eduにある。

●訳者紹介

黒川利明（くろかわ　としあき）
1972年、東京大学教養学部基礎科学科卒。東芝㈱、新世代コンピュータ技術開発機構、日本IBM、㈱CSK（現SCSK㈱）、金沢工業大学を経て、2013年よりデザイン思考教育研究所主宰。文部科学省科学技術政策研究所客員研究官として、ICT人材育成やDesign Thinking、ビッグデータ、クラウド・コンピューティング、シニア科学技術人材活用に携わった。情報規格調査会SC22 C#、CLI、スクリプト系言語SG主査として、C#、CLI、ECMAScriptなどのJIS作成、標準化に携わる。ジェネクサスジャパン㈱技術顧問。ICES創立メンバー、画像電子学会理事、国際標準化教育研究会委員長などで、標準化人材育成、標準化人材のスキル標準策定に関わる。「こどもと未来とデザインと」運営メンバー、「若手とシニアの架け橋の会」創立メンバー。著書に『クラウド技術とクラウドインフラ― 黎明期から今後の発展へ―』（共立出版）、『情報システム学入門』（牧野書店）、『ソフトウェア入門』（岩波書店）『渕一博―その人とコンピュータ・サイエンス』（近代科学社）など、訳書に『メタ・マス！』（白揚社）、共訳書に『アルゴリズムクイックリファレンス』、『ThinkStats―プログラマのための統計入門』、『入門データ構造とアルゴリズム』、『プログラミングC#第7版』（オライリー・ジャパン）、『情報検索の基礎』、『Google PageRankの数理』（共立出版）など。

カバー説明

表紙の動物はストライプトレッドマレット（学名：Mullus surmuletus）です。スズキ目ヒメジ科に属し、この種類は地中海、東北大西洋、黒海などに生息しています。はっきりした縞模様の第1背びれが特徴的で、同じヒメジ科のウミヒゴイ（Mullus barbatus、こちらは第1背びれに縞模様がない）と並び、地中海地方では人気の高級食材です。しかし、ストライプトレッドマレットのほうが、より好まれており、その味は牡蠣に似ていると言われています。

古代ローマ時代から珍重され、池でストライプトレッドマレットを飼い、大切に世話をして、鈴の音で魚たちに食事の時間を知っていたという語もあります。ストライプトレッドマレットは、通常、養殖したものでも1kgより大きくはならず、同じ重さの銀と同じ値段で売らるほどの高級魚でした。野生のストライプトレッドマレットは小型で、下顎から伸びた2本のあごひげ（触鬚として知られる）を使って海底を探り、小型の底棲動物を食べます。ストライプトレッドマレットは浅い砂や岩の海底で餌を取りますが、ウミヒゴイのほうがひげの感度がよいとされ、ストライプトレッドマレットよりも深い海で餌を探します。

Think Bayes
―― プログラマのためのベイズ統計入門

2014年 9 月 5 日　初版第 1 刷発行

著　　　者	Allen B. Downey（アレン・B・ダウニー）	
訳　　　者	黒川 利明（くろかわ としあき）	
発　行　人	ティム・オライリー	
制　　　作	ビーンズ・ネットワークス	
印刷・製本	株式会社平河工業社	
発　行　所	株式会社オライリー・ジャパン	
	〒160-0002　東京都新宿区坂町26番地27　インテリジェントプラザビル1F	
	Tel　（03）3356-5227	
	Fax　（03）3356-5263	
	電子メール　japan@oreilly.co.jp	
発　売　元	株式会社オーム社	
	〒101-8460　東京都千代田区神田錦町3-1	
	Tel　（03）3233-0641（代表）	
	Fax　（03）3233-3440	

Printed in Japan (ISBN978-4-87311-694-5)
乱丁本、落丁本はお取り替え致します。

本書は著作権上の保護を受けています。本書の一部あるいは全部について、株式会社オライリー・ジャパンから文書による許諾を得ずに、いかなる方法においても無断で複写、複製することは禁じられています。